"十三五"国家重点出版物出版规划项目

普通高等教育"十三五"人工智能与机器人规划教材

智能交互技术与应用

马楠 徐歆恺 张欢 编著

The Technology and Application
of Intelligent Interaction

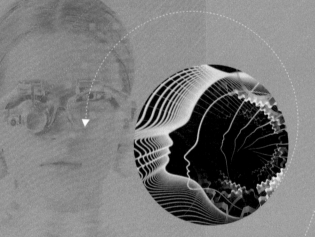

U0240662

机械工业出版社
CHINA MACHINE PRESS

本书深入浅出地探讨和解读了人工智能中的智能交互技术，包括交互原型系统设计、基于移动设备的智能交互软件开发、智能语音交互及交互技术设计与评价方法。第1章主要介绍智能交互技术的基本知识；第2章主要讨论了感知认知与交互技术的结合；第3章讲解了交互设计的基本准则；第4章讲解了交互系统的原型设计，介绍了面向软件应用的最基本的交互设计方法和基本流程；第5章针对移动设备，介绍了App软件交互设计方法；第6章针对当今热门的Android应用程序交互设计，详细解读了该操作系统的特点与架构、应用开发方法及手段，并通过App Inventor工具实现应用开发；第7章介绍了智能交互技术中的热门应用之一——语音交互技术的设计方法，并通过语音识别和合成、对话交互的实验使读者深入掌握智能语音交互技术；第8章介绍了智能交互技术的设计及评价方法；第9章重点介绍了智能交互技术的前沿问题及应用领域。

本书以自动驾驶作为主要应用场景介绍智能交互技术。书中各个章节中均设计了习题，大部分章节配有详实的实验指导。本书可作为智能科学与技术、人工智能计算机科学与技术、软件工程、机器人工程、数字媒体技术等专业本科生、研究生的教材，也可作为从事交互设计、用户界面设计、人工智能应用、移动软件开发等相关技术人员的参考书。

本书配有教学课件和实验素材，请选用本书作教材的老师登录 www.cmpedu.com 注册下载，或发邮件至 jinacmp@163.com 索取。

图书在版编目（CIP）数据

智能交互技术与应用/马楠，徐歆恺，张欢编著．
—北京：机械工业出版社，2019.8（2025.2重印）
普通高等教育"十三五"人工智能与机器人规划教材
"十三五"国家重点出版物出版规划项目
ISBN 978-7-111-63184-2

Ⅰ.①智…　Ⅱ.①马…　②徐…　③张…　Ⅲ.①人工智能-高等学校-教材　Ⅳ.①TP18

中国版本图书馆CIP数据核字（2019）第140694号

机械工业出版社（北京市百万庄大街22号　邮政编码100037）
策划编辑：吉　玲　责任编辑：吉　玲　王　康
责任校对：王　欣　封面设计：鞠　杨
责任印制：张　博
北京建宏印刷有限公司印刷
2025年2月第1版第8次印刷
184mm×260mm·12.75印张·315千字
标准书号：ISBN 978-7-111-63184-2
定价：49.80元

电话服务　　　　　　　　　网络服务
客服电话：010-88361066　　机　工　官　网：www.cmpbook.com
　　　　　010-88379833　　机　工　官　博：weibo.com/cmp1952
　　　　　010-68326294　　金　书　网：www.golden-book.com
封底无防伪标均为盗版　　机工教育服务网：www.cmpedu.com

与研究物质和能量的许多科学（如物理学、化学）相比，人工智能是一门更富挑战性的科学，它使智能机器能够胜任一些通常需要人类的智慧才能完成的复杂工作。当前新一代人工智能技术正处在快速发展的黄金期，在生活、医疗、教育、金融、安全、制造等诸多领域，人们越来越多地体验到了它带来的便利和高效。在这类机器进行工作时，如何更好地实现人与机器的交流或信息交换，正是智能交互所研究的问题。

人与人的交互，体现了人的智商和情商；智能机器与人的交互、机器人之间的交互、机器人与人的交互亦然。本书以人工智能中的智能交互技术为核心，系统地讲述了智能交互技术的多样性和综合性，以及在各种各样的环节所涉及的技术及应用。作为人工智能的最普遍、最典型的应用场景，自动驾驶中的智能交互应用在书中被广泛提及。书中设计了大量深入浅出的实验，使读者能够更快地了解并掌握各类智能交互技术，相信有志于从事智能交互技术研究的读者，通过本书的学习一定会有所收获。

人的智能体现在记忆认知、计算认知和交互认知三大能力上，本书仍有进一步提升的空间。如果以交互认知为切入点，勇敢闯入全球人工智能研究的无人区，可望做出更大的贡献！

李德毅

中国工程院院士　中国人工智能学会理事长

前　言

科学技术的进步推动了人工智能技术的飞速发展，人工智能技术已成为当下研究热点，并不断革新我们与机器的互动方式。纵观科学技术发展史，每一次变革都伴随着交互技术的革新，鼠标和键盘打开了 PC 时代的大门；触摸屏打开了移动互联时代的大门；语音交互、人脸识别、手势识别等多模态智能交互技术带我们走进全新的 AI 时代。本书深入浅出地探讨和解读了人工智能中的智能交互技术，包括交互原型系统设计、基于移动设备的智能交互软件开发、智能语音交互及交互技术设计与评价方法，充分体现了"智能 + 交互"。

第 1 章主要介绍智能交互技术的基本知识，包括人机交互的起源与发展，以及各发展阶段的主要技术特征，感知智能在交互中的应用；介绍了智能交互技术的研究内容；另外，智能交互技术涉及多个学科领域，故介绍智能交互技术与相关学科的交叉融合。

第 2 章主要讨论了感知认知与交互技术的结合。由于人工智能要研究如何让计算机去做那些靠人的智力才能做的工作，模仿人的行为，因此智能交互就要模仿人的基本交互方式。这包括模拟人的感官体验、认知方法、知觉特征、认知过程及交互手段。读者可通过本章较好地了解智能交互领域目前研究的内容。

第 3 章讲解了交互设计的基本准则。首先从用户体验的角度介绍各种应用交互设计的流程和原则；然后，以桌面系统为例，介绍各种类型的应用特点及交互设计原则及相关技术；最后，通过思维导图实验，读者会尽快理解产品功能的交互设计思路。

第 4 章讲解了交互系统的原型设计，介绍了面向软件应用的最基本的交互设计方法和基本流程；介绍了各类原型设计工具；以手机 App 原型设计为实例，以实验的形式指导读者体验此类应用原型的设计思路。

第 5 章针对移动设备，介绍了 App 软件交互设计方法。目前移动应用是比较热门、使用率较高的应用形式，它们依托于移动操作系统，与桌面应用有不同的交互方式。本章在介绍不同移动平台的应用交互设计及规范的同时，通过实验读者可以亲身实践此类应用的设计方法及思路。

第 6 章针对当今热门的 Android 应用程序交互设计，详细解读了该操作系统的特点与架构、应用开发方法及手段，并通过 App Inventor 工具实现应用开发。通过本章实验，读者可以了解并掌握当前最热门的网络编程（通信接口开发）及简单的人工智能（人脸检测）编程的开发方法。

第 7 章介绍了智能交互技术中的热门应用之一——语音交互技术的设计方法，并通过语音识别和合成、对话交互实验，读者可以深入掌握语音交互技术。

第 8 章介绍了智能交互技术的设计及评价方法。如何从无到有设计一个完整的智能交互产品，在设计中要考虑哪些因素，如何评估各类交互设计的质量以及对交互界面设计的评价都是本章重点讨论的问题。

第9章重点介绍了智能交互技术的前沿问题及应用领域。当前人工智能快速发展，智能交互技术已经应用到了各个领域，包括无人驾驶交互认知、智能车联网、云机器人等，本章通过多个方面对智能交互技术的应用进行了生动的介绍。

本书以自动驾驶作为主要应用场景介绍智能交互技术。书中各个章节中均设计了习题，大部分章节配有翔实的实验指导，帮助读者通过实验环节加深对相关内容的理解。本书可作为智能科学与技术、人工智能、计算机科学与技术、软件工程、机器人工程、数字媒体技术等专业本科生、研究生的教材，也可作为从事交互设计、用户界面设计、人工智能应用、移动软件开发等相关技术人员的参考书。

本书由北京联合大学机器人学院的马楠、工科中心的徐歆恺和智慧城市学院的张欢共同编写，马楠负责全书的统稿。第1、2章由马楠编写；第3章由徐歆恺、张欢、马楠共同编写；第4章由徐歆恺编写；第5、6章由张欢、徐歆恺、马楠共同编写；第7章由徐歆恺编写；第8章由张欢编写；第9章由马楠编写。在本书的编写过程中，北汽新技术研究院荣辉副院长对书中有关无人驾驶的内容进行了指导，吴修平、李佳洪、陈丽、孙慧荟、穆惠芳、马国栋对部分文字进行了整理，并负责了其他辅助工作。在本书的编写过程中，得到了中国工程院院士、中国人工智能学会理事长、北京联合大学机器人学院院长李德毅，中国人工智能学会智能交互专委会主任、北京航空航天大学计算机学院党委书记王蕴红教授，中国人工智能学会智能驾驶专委会副主任、北京联合大学鲍泓教授的悉心指导和帮助，在此表示最衷心的谢意；机械工业出版社的吉玲编辑在本书的编写过程中也对我们给予了热情的帮助与指导。

本书部分内容得到了国家自然科学基金面上项目"无人车多视视频信息获取与定位关键技术（项目编号：61871038）"、北京市自然科学基金项目"无人车多视目标识别（项目编号：4182022）"和北京联合大学"人才强校优选计划"百杰计划"车路协同环境下人机共驾操控负荷分析和交互机理研究（项目编号：BPHR2017CZ10）"的资助。

感谢为此书的编写无私付出的北京联合大学智能交互团队的老师和同学们。由于智能交互技术仍在不断发展，书中如有不妥之处，恳请广大读者批评指正。

编者电子邮箱：xxtmanan@ buu. edu. cn

编　者

目　录

第 1 章

人机交互技术的发展

1.1　人机交互概述

1.1.1　人机交互的定义

人机交互是研究人与计算机的交互，或者可以理解为人与"含有计算机的机器"的交互。系统可以是各种各样的机器，也可以是计算机化的系统和软件。在交互过程中，人通过和计算机界面的互动，产生一系列的输入和输出，然后完成具体的任务。在美国的21世纪信息技术计划中，将软件、人机交互、网络、高性能计算列为四大基础研究内容[1]。人机交互界面的设计要包含用户对系统的理解（即心智模型），实现系统的可用性和用户友好性。

人机交互（Human-Computer Interaction，HCI，或 Human-Machine Interaction，HMI）是广受关注的交叉学科领域，涉及了计算机科学、心理学、社会学、人机工程学等多个研究和应用领域，是对人类使用的交互式计算系统进行设计、评估和实现，并对其所涉及的主要现象进行研究的学科，尤其在智能时代要研究人与机器人之间通过视觉、听觉、触觉和嗅觉等实现多模态信息智能交互功能。

1.1.2　人机交互的起源与发展

人机交互始终关注计算机系统提供给人类交互使用的设计、评价和实现方法。这包括人通过输入设备给计算机输入信息，计算机经过运算再通过输出设备给人提供信息反馈等内容。它与很多学科都有密切的关系，在机器方面，侧重于计算机图形学、操作系统、编程语言和开发环境等；在人的方面，需要考虑通信理论、工业设计、语言学、社会科学、认知心理学、社会心理学等因素。

人机交互是一个跨学科的领域，也是用户界面设计过程中需要着重考虑的因素之一。人机交互对于用户界面的发展起着至关重要的推动作用，其发展过程大致可分为四个阶段[2]，见图1-1。

1. 萌芽期（1959～1969年）

1959年，美国科学家 Brian Shackel 发表了一篇名为"Skin-Drilling：A Method of Diminishing Galvanic Skin-Potentials"的论文，首次提出如何用人机工程学原理帮助用户减轻操作机器所带来的疲劳感。1960年，

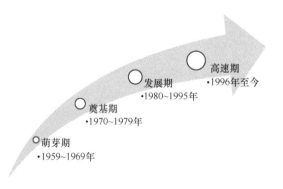

图1-1　人机交互发展历程

美国心理学家和计算机科学家 J. C. R. Licklider 在论文"Man-Computer Symbiosis"中开创性地提出了人机紧密共栖的概念，被视为人机交互的启蒙观点。1969年，第一次人机系统国际会议在英国剑桥大学召开，同年第一份专业杂志《国际人机交互杂志》（International Journal Of Human-Computer Interaction）创刊，这一年可谓是人机交互发展史的里程碑。

2. 奠基期（1970~1979 年）

1970~1973 年，与计算机相关的人机工程学专著陆续出版，为人机交互的发展指明了方向。1970 年，成立了两个 HCI（Human-Computer Interface）研究中心，一个是英国的拉夫堡大学的 HUSAT 研究中心（Loughborough University HUSAT），另一个是美国施乐帕洛阿尔托研究中心（Xerox PARC），见图 1-2。

图 1-2　美国施乐帕洛阿尔托研究中心

3. 发展期（1980~1995 年）

20 世纪 80 年代初期，学术界相继出版的专著，总结了当时最新的人机交互研究成果，人机交互学科逐渐形成了自己的理论体系和架构。理论体系方面，人机交互从人机工程学中独立出来，更加强调认知心理学、行为学以及社会学等人文科学的理论指导。实践方面，从人机界面（人机接口）延伸开来，强调计算机对人的反馈作用，HCI 中的 I，也由界面接口（Interface）变成了交互（Interaction）。从词语表面的含义来看，界面设计体现的是连接程序和用户之间的接口，它为二者提供消息传递；而交互设计则包含更广义的内容，指的是功能、行为和最终的展示形式。

4. 高速期（1996 年至今）

20 世纪 90 年代中期以来，伴随计算机硬件性能的飞速提升和互联网技术的迅速发展与普及，人机交互研究的重心开始转移到多媒体交互、人机协同交互以及增强现实等方面，人机交互技术更侧重以人为研究目标和中心。主要特点是基于语音、手写体、姿势、视线跟踪、表情等输入手段的多模态交互，目的是使人能以声音、动作、表情等自然方式进行智能交互操作。Gartner 公司发布的 2018 年度新兴技术成熟度曲线涉及的部分重要技术是人机交互技术发展的源动力，见图 1-3。

随着各种体感设备和可穿戴式计算设备的快速涌现和日趋成熟，促使用户界面设计师们不断探索新的、更自然、更直观、更接近人类行为方式的人机交互界面，并提出了人机交互的新思想：自然用户界面逐渐成为主流。它使人机交互的过程更接近于人原来的自然交流形

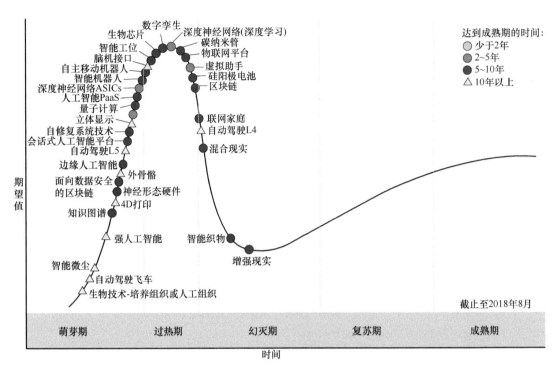

图 1-3　2018 年度新兴技术成熟度曲线[3]

式，用户只需要应用日常的自然技能，无须经过专门的适应与学习便可对计算机进行操作，减少了重新学习的认知负担，增加交互效率。丰富的输入和输出软硬件技术，也为应用设计学科和数码交互艺术学科提供了极其丰富的表现方法。

硬件包括：常见的硬件设备包括视觉交互设备、语音交互设备、触觉交互设备、笔式交互设备、虚拟环境中的交互设备，见图 1-4。输入设备有 Kinect、Leap Motion 等，输出设备有 3D 立体显示器，头戴显示器（如 Oculus Rift）等，输入输出设备有 Google Glass 等。

软件包括：界面部分有 3D 立体操作界面，交互方式有肢体动作、表情、语音等。基于

图 1-4　智能交互设备

大数据可以分析用户所处的环境，用户的爱好、习惯、心理、历史、社会关系，语境等。

1.1.3 感知智能在交互技术中的作用

人机交互技术与计算机始终相伴发展，随着 CPU、GPU 的运算能力日趋强大，网络和通信技术的快速发展，人工智能被进一步推动，显示技术的重大突破都为人机交互提供了新的起点与高度。近几年，在科技与需求的双轮驱动下，人机交互实现了多次革命，发展突飞猛进。如今，人机交互设备市场规模增长前景广阔，应用领域多种多样，市场引领者围绕多模式、个性化的技术进行设计认证和设备交互。触摸、对话、手势等，交互方式为我们开启一个全新的世界。

人工智能的飞速发展正在为人机交互带来巨大的推动作用，尤其在智能化信息处理方面，促进没有触摸屏、没有键盘的智能化时代交互技术飞速发展。在智能机器人、智能家居迅速普及时代，人机交互方式多种多样，比如手势识别、图像识别、体感识别等，都是未来智能交互技术发展的方向，人工智能正在从感知智能向认知智能发展。

> 感知智能：利用图像识别、语音识别或者其他识别技术，把物理信号转化成数字信号，基于这些数字信号进行分析、判断、推理、规划、决策。例如，自动驾驶将感知和认知结合在一起，通过激光雷达、摄像头、超声波等各种传感器捕捉信号到数字世界，再通过相应的计算机算法根据当前车况路况实时做出规划决策。

语音交互是最自然的交互方式，在智能时代仍然是最重要的人机交互手段之一。基于智能语音的自然交互核心技术，首先要求能够完成语音识别，其次是以语境为基础的语音理解，直至高自然度语言的生成。满足人和设备之间自然交互的技术，应该是一种计算的人机交互框架，不光有字面的含义，还要有物理语境，因为不同的时间、地点、场所说的同样文字代表的含义是不一样的，结合上下文、人类的物理世界，构建出一个语境为中心的交互形态，才能实现真正的像人和人的自然对话。此外，还需要加入对个性化、一致化、情感化的考虑。相关研究还有很长的路要走，人工智能需要解决一系列商业化的落地问题。软硬一体化的云解决方案是一种解决思路，即使没有很好地解决认知的问题，自然语音技术同样能够为产品创造新的价值。不过，语音识别通过芯片的方式植入到 IoT（物联网）设备，还需要解决很多技术问题，例如远距离的多次声波反射和衰减、低功耗、低成本、高温、高湿环境的稳定性等。

微软小冰是聊天机器人的典型代表，见图 1-5。聊天机器人的结构，包括问话理解、回复（答案或

图 1-5 微软小冰

聊天)、根据上下文保证用户个性化信息以及语言风格一致性,最重要的是闲聊、信息问答、完成任务三个层面的引擎。闲聊:要能够满足多轮对话的一致性、个体化,基于搜索的回答需要针对特定主题提前建立聊天智库,实现多模型对话(包括图像理解)。信息问答:提高搜索引擎的水平,将搜索引擎的风格变换成聊天的风格,为每个知识源是建立问答。完成任务:不同任务的对话过程,把重要的信息通过对话设立出来,涉及信息抽取,以及文本之间的相互匹配。

此外,人机交互的应用都离不开深度学习或者是语音识别等人工智能核心技术的突破。百度深度学习实验室(IDL)希望将人工智能核心技术做到统治级别,通过深度学习技术,不仅要做好语音识别,还要实现图像识别基本技术(图像搜索、OCR、人脸识别)、细粒度图像识别(如菜品识别)、视频分析、AR、医学图像分析等方面的突破。

1.2 智能交互的研究内容

1.2.1 传统人机交互技术研究内容及发展

人机交互研究的具体表述方法是在实际生活场景中的应用,从最初的命令行界面,到图形用户界面,到当下的自然用户界面,随着语音交互、视觉图像交互、动作交互、脑电波交互等多模态人机交互技术的逐步发展和成熟,更加智能的人机交互方式将会深层次地改变我们日常生活的应用场景;一场互联网的主流终端模式和服务内容的竞争也在同步进行。

1. 命令行界面交互阶段

计算机语言的发展过程经历了最初的机器语言、汇编语言,直至高级语言。这个过程也可以看作是人机交互的早期发展过程。机器语言和汇编语言对使用者提出了较高的要求,高级语言使用人们比较习惯的符号形式描述计算过程,降低了对人的要求。命令行界面(Command-Line Interface,CLI)可以看作第一代人机界面,输入信息为数据和命令信息,以字符为主。图 1-6 为 MS DOS 命令行被解析为命令和参数。

图 1-6 一个 MS DOS 命令行,可被解析为命令和参数

在命令行界面中,一个主要研究问题是如何为各种命令制定恰当的名称。某些命令语言的功能可能非常强大,它允许用户使用大量修饰符和参数来构造非常复杂的命令序列。它们要求用户准确地使用规定的格式给出要完成的命令,且不能原谅用户可能犯下的任何形式的输入错误。命令行界面最大的弊端就是迫使用户不得不在没有多少计算机帮助的前提下,牢记复杂的命令和格式,这大大增加了用户的记忆负担,从而使大量入门者望而却步。尽管支持命令名称的缩写在一定程度上减轻了用户的使用负担,但并没有从根本上解决这一问题。

然而，由于命令语言灵活且高效的特性，还是得到了许多专业人员的青睐。

2. 图形用户界面交互阶段

图形用户界面（Graphical User Interface，GUI，又称图形用户接口）的出现使人机交互方式发生了巨大变化。图形用户界面的历史最早可以追溯到 1962 年 Ivan Sutherland 创建的Sketchpad 系统，见图 1-7。1964 年 Douglas Engelhart 发明了鼠标"Engelhart 1988"，为图形用户界面的兴起奠定了基础[4]。然而，真正商业化的图形用户界面直到 20 世纪 80 年代才得到广泛应用。现在提到图形用户界面，即泛指 WIMP⊖界面，用户可在窗口内选取任意交互位置，且不同窗口之间能够叠加。其主要特点是桌面隐喻、WIMP 技术、直接操纵和"所见即所得"，它简单易学，并减少了键盘操作，使得不懂计算机的普通用户也可以熟练地使用，从而拓宽了用户群，使计算机得到了广泛普及。

图形用户界面提供了比基于字符的界面更为丰富的界面设计形式，任何能在字符界面上完成

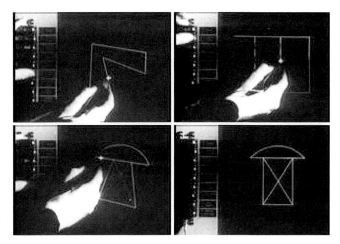

图 1-7　Ivan Sutherland 演示 Sketchpad

的任务，都能在图形用户界面上通过图形的方式来实现，反之则不然。同时，诸如鼠标等设备的使用给用户提供了能够控制界面的感觉和在屏幕上到处移动的自然方法，并且在图形模式下使这些设备变得更加吸引人。与命令行界面相比，图形用户界面的自然性和交互效率都有较大的提高。

3. 自然用户界面交互阶段

当前，自然用户界面（Natural User Interface，NUI）这种和谐的人机交互方式得到了一定的发展。不管是 CLI 还是 GUI 都要求用户必须学习预先设置好的操作（GUI 比 CLI 的学习成本更低），基于语音、手写体、姿势、视线、表情等输入手段的多通道交互是 NUI 最主要的特点，目的是使人能以声音、动作、表情等自然方式进行交互操作，用户只需要用最自然的方式（语音、面部表情、动作手势、移动身体、旋转头部……）就可以和计算机交流，从而摆脱键盘和鼠标，见图 1-8。

应用自然语言，用户即使记不住复杂的机器命令，也不至于在庞大的菜单系统中迷失方向。然而由于自然语言的模糊性，计算机对自然语言的理解成为制约该交互方式走向实用性的主要障碍，除了在某些受约束的场景中得到应用外，它迄今仍然不是一种实用的交互方式。

1.2.2　智能交互技术研究内容

人机交互是一门交叉学科，其研究内容十分广泛，涵盖了人与机器之间进行信息传递的

⊖ WIMP 指窗口（Window）、图标（Icon）、菜单（Menu）和指点设备（Point Device）。

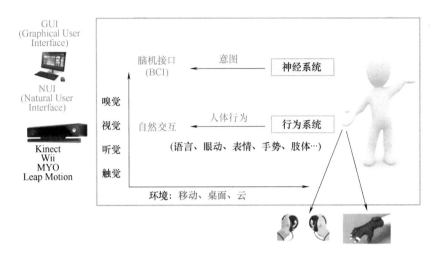

图 1-8　人机交互的新思路——自然用户界面

理论、技术和设备，随着技术的不断发展，人机交互逐步向智能化交互发展。智能交互技术基于智能处理，其特点是交互自然，多维感觉，信息融合、深层次理解等，涉及建模、设计、评估等理论和方法，以及在 Web、移动计算、虚拟现实等方面的应用研究，也包括心理学研究，简而言之其目的就是从尊重用户的角度来改善用户和机器之间的交互，从而使机器系统更加容易使用，使人与机器交互和人与人交互一样轻松自然。主要的研究内容，见图 1-9。

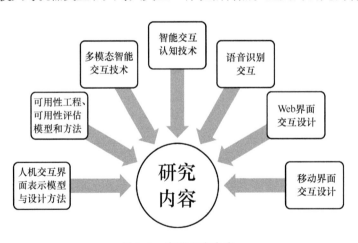

图 1-9　主要研究内容

1. 人机交互界面表示模型与设计方法

一个交互界面的优劣，直接影响到软件开发的成败。友好的人机交互界面开发离不开好的交互模型与设计方法。因此，研究人机交互界面表示模型与设计方法是人机交互的重要研究内容之一。

2. 可用性工程、可用性评估模型和方法

可用性是交互式系统的重要质量指标，指的是产品对用户来说有效、高效和令人满意的程度，即用户能否用产品完成他的目标，以及实现这一目标的效率与便捷性，它关系到智能交互能否达到用户期待的目标，实际上是从用户角度所看到的产品质量，是产品竞争力的核

心。智能交互系统的可用性分析与评估的研究主要涉及支持可用性的设计原则和可用性的评估方法等。

3. 多模态智能交互技术

研究视觉、听觉、触觉和嗅觉等多模态信息的融合理论和方法，使用户可以使用语音、手势、眼神、表情等自然的交互方式与机器系统进行通信，特别在人与机器的交互过程中，多模态交互方式有效实现信息传递。多模态交互主要研究语音交互、视觉图像交互、动作交互、脑电波交互等交互技术及交互界面的表示模型、交互界面评估方法以及多模态信息融合等。其中，多模态信息融合是智能化人机交互技术研究的重点和难点。

4. 智能交互认知技术

智能交互认知技术最终的目标是使人机交互和人—人交互一样自然、方便。上下文感知、三维输入、手写识别、自然语言理解等是交互认知中要解决的重要问题。

5. 语音识别交互

在日常沟通中，人类的沟通大约有 75% 是通过语音来完成的。语音交互是研究人们如何通过自然的语音或机器合成的语音同机器进行交互的技术，语音识别和语音合成相互结合。通过语音识别来有效实现人与机器交互，可由三个技术模块组成，即特征提取、模式匹配和标准模板库生成。这三大技术模块涉及的技术包括三个方面，即语音识别单元的选择、特征数据类型的选择、模式匹配方法与模型训练技术。

6. Web 界面交互设计

重点研究 Web 界面的信息交互模型和结构，Web 界面设计的基本思想和原则，Web 界面设计的工具和技术，以及 Web 界面设计的可用性分析与评估方法等内容。

7. 移动界面交互设计

移动计算（Mobile Computing）、普适计算（Ubiquitous Computing）等技术对智能交互技术提出了更高的要求，面向移动应用的界面设计已成为交互技术研究的一个重要内容。由于移动设备的便携性、位置不固定性、计算能力有限性以及无线网络的低带宽高延迟等诸多的限制，移动界面的设计方法、移动界面可用性与评估原则、移动界面导航技术以及移动界面的实现技术和开发工具，都是当前智能交互技术研究的热点。

1.3 智能交互技术与相关学科

1.3.1 智能交互技术与计算机科学

智能交互技术的应用在产品和用户之间起到桥梁的作用，这个桥梁需要让用户知道如何更便捷、更人性化、更智能的方式操作产品，例如收音机的播放键、车载 GPS 和手机的可视化界面，再比如 iPhone 手机中的 Siri，和我们已经离不开的键盘、鼠标等——这些都是研究人机交互的专业人士要学习和要专注的领域。交互分为艺术类和技术类两个方面。艺术类一般放在平面设计里，比如说网页设计。以网页设计为例，会研究不同的颜色对于浏览者的影响，不同按键的大小对于浏览者的影响等。而本书涉及的主要是技术类人机交互，描述的是技术手段对于用户体验的改变。交互不仅仅存在于计算机科学，也可能存在于电子工程或工业工程，但是主要集中在计算机科学和工业工程。

> 与人工智能技术发展相呼应，人机交互技术不断向智能化发展，形成智能交互相关技术，所涉及的领域不仅仅是计算机，还需要通信技术、社会学、心理学、设计领域的相关知识。

1.3.2 智能交互技术与软件工程

一直以来，人们都习惯将软件工程与传统的人机交互视为两个相互独立的学科，这源于多方面的原因。首先，软件工程师与人机交互设计人员关注的重点有很大不同：软件工程师经常是以系统功能为中心，形式化方法在这里得到了广泛应用；而交互设计人员则以用户为中心，对用户特性和用户需要执行的任务要有深入了解。随着传统的人机交互技术向智能化交互技术发展，交互设计的评估方法与一般软件工程方法存在很大的不同：交互评估通常基于真实用户，评价机制往往来自于用户使用的直观感觉，更主观。智能交互技术与软件工程经常是分开讨论的，一方面软件工程的相关教材中较少提及交互团队在产品设计中的巨大作用，另一方面在交互技术教材中也很少谈及其与软件工程的密切关系。

实际上，智能交互技术对软件工程技术发展具有非常大的促进作用。研究表明，现有的软件工程技术大多基于构建，仅包含一定的用户交互设计。在实现交互式系统过程方面存在天生的缺陷，比如没有提出明确的对用户界面及可用性需求进行描述的方法，或不能在系统开发过程中对用户界面进行终端测试等。因此，使用现有软件工程技术开发出来的交互式系统尽管具有完善的系统功能，但对用户而言，产品的可用性、有效性以及满意度并不高，相应地，产品很难取得市场上的成功。

尽管智能交互技术和软件工程表现为相互独立的两个部分，但实际上从系统工程的角度来看，它们之间也存在着紧密的联系。它们之间不仅存在信息交换，同时，相互之间的检验还是最终产品可用性和可行性的有力保障。智能交互工程模块接收来自用户方有关产品功能的需求定义，这既可能包括用户工作环境的描述和对用户执行任务以及系统自动完成任务的描述，也可能包括来自市场的相关信息等。智能交互阶段首先明确产品的交互和可用性需求，然后进行交互设计，并使用原型技术和可用性评估方法对需求及设计进行验证。最终获得的有关产品的软件需求和交互特性将作为输入传递给软件工程模块。软件工程模块将交互阶段所获得的需求和软件产品的其他需求融合在一起，比如产品的计算性能和信息检索能力等，并开发能够满足以上所有需求的软件产品。同时，这一过程也可能会产生新的交互需求，并使交互再次加入到产品开发过程。

举例来说，软件开发阶段可能需要对产品在线的帮助和错误信息进行设计，这就需要人与机器间的交互参与。此外，软件工程也会给交互设计施加限制，包括来自技术局限性和可行性方面的建议，基于开发进度和预算的考虑等。

如今，智能交互技术对软件工程的重要性已经得到越来越多的重视。学术界对智能交互技术在软件工程专业教学中的重要性也给予了足够的重视，已经有越来越多的高等院校正在积极开设各种有关将软件工程与智能交互技术相结合的新课程。软件工程专业国际教学规范SWEBOK中将相关交互课程作为软件工程专业的必修课程之一[5]，体现其在软件工程教学中的重要地位。综上所述，智能交互技术与软件工程既相互区别又相互影响。只有将二者有机地结合，才能保证在有效的时间和资源下开发出高可用性的软件产品。

1.3.3 智能交互技术与工业设计

网络信息数据传播已成为人们日常生活中不可替代和不可缺少的一部分，为用户提供了更加便利和直接的计算机辅助工具，并创造出了智能交互应用系统，实现了操作者与计算机的良好对接，给设计使用提供多方面的便利。当下计算机辅助工业设备也成为工业设计的基础设施。为了进一步确保工业市场中产品制造和生产的质量和数量，计算机辅助工业设计里进行人与工业机器交互研究能够有效提升计算机辅助工业的技术含量，给使用者带来更便捷的服务体验。计算机辅助工业设计中的人机交互应用也在很多方面都有推广，下面就以几个方面为例进行详细说明和探讨。

1. 虚拟装配

通常来说工业产品的可安装性、可维修性、可配合性都是实际工业设计中容易疏漏的问题，可利用智能交互应用实现虚拟装配。在传统的产品工业设计中对相关配件的安置往往容易忽视，总是会等到在产品配件搁置很久或者产品本身在使用过程中出现问题时才会引起对配件检修等环节的注意，而利用虚拟装配在工业产品设计的阶段就能利用人机交互的方式，设计者通过三维输入设备，直接对工业零件进行三维装配的操作，在设计过程中就可检查各个配件是否与设备装配相吻合，避免了之后的重复检修。

2. 人机界面

人机界面作为操作者与计算机进行交流和信息互换的纽带，在计算机辅助工业设计中发挥着重要作用。在人机界面的交互技术应用上，既要重视计算机所能提供的各项技术，也要保证人性化，人机界面才能为操作员提供更加便捷的服务。在之后的人机界面设计中可以向人机界面智能化、人机界面的人性化，以及人机界面真实化等发展方向展开研究。此外，可以通过智能化的交互技术让计算机以人的视角去感知产品设计的内容，进而强化产品设计的人性化。由此智能交互技术在产品设计应用上能够有效强化产品设计的高效性，给操作者带来更加便捷的操作体验。

3. 产品虚拟仿真技术

虚拟仿真技术能够极大地扩展现实生活中各个局限空间等范围限制，比如3D网球游戏，就是利用了虚拟仿真技术，通过计算机辅助工业交互设计创建的。该虚拟仿真技术除了游戏等内容外，在其他很多方面都有运用。计算机辅助交互技术作为搭建现实和虚拟世界的平台，得以充分发挥辅助工业的优势和性能。

1.3.4 智能交互技术与生理学

在图形用户界面等传统用户界面下，人与计算机的交流并不能做到信息对等。用户可以方便地了解计算机的各种状态信息，而计算机所能了解的用户状态信息却非常少，只能由用户的主动交互行为去推断。由于缺少这些信息，计算机很难做到动态适应用户，真正实现以人为中心。如何在人机智能交互过程中获取、分析和利用用户的生理状态信息（如紧张程度、疲劳程度、注意力等）是亟须解决的一个重要问题，也是拓展人机交互应用，实现自然人机交互的必要途径。

随着各种传感技术的不断发展，引入生理学作为一种新型交互模式已逐渐引起领域内学者的关注。在基于生理学的智能交互模式下，利用多种可穿戴计算技术，用户无须主动地执行交互任务，系统通过传感设备实时监控和分析用户的生理信号，将这些信号转化为控制输入，并对用户做出反馈。这种生理学智能交互模式可以有效地应用在许多领域。例如，在飞行控制系统中，计算机通过判断飞行员的精神状态，开启自动驾驶系统或者智能导航系统以减轻驾驶员的精神负荷，保证安全驾驶；在一般使用情境中，计算机通过感知用户对某一任务是否感到沮丧而自动打开或关闭帮助系统；用户在玩游戏时，如果系统判断用户感到无趣或者没有挑战，就自动增加游戏的难度等。

随着基于生理学的智能交互模式逐步引入，人的各种生理状态将会被系统所了解，人与计算机之间的信息交换将呈现对称性。同时，这种模式带来人机交互方式的深刻变革。与传统的键盘、鼠标、手势等用户主动输入的交互方式不同，基于生理学的智能交互技术更强调隐式交互。系统可以通过传感器来捕获和理解用户不自主的和潜意识层面的生理状态，完成交互任务，并实现对用户在词法、语法和语义的多层反馈。正如潘蒂奇（Pantic）[6]等所言，随着相关技术的发展，通过增加计算机对用户的实时感知，人和计算设备之间的交互将从主从关系向协同和共生关系发展。

ACM SIGCHI（Special Interest Group on Computer-Human Interaction，美国计算机协会人机交互分会）年会在 2010 年和 2011 年连续举办了关于生理计算的研讨会。许多国际上著名的大学和研究机构从那时起逐步开展了生理学人机交互方面的研究，包括美国加州大学伯克利分校、微软研究院、德国马克斯—普朗克研究所、瑞士苏黎世联邦理工大学、英国帝国理工学院等；在我国，中国科学院、清华大学、香港中文大学、香港科技大学、浙江大学、北京航空航天大学、北京理工大学、西北工业大学等也进行了许多有益的探索工作。如今，感知技术不断发展，基于生理学的智能交互技术为感知用户的生理状态等信息提供了新的途径，开拓了新的研究方向。

在未来的智能交互模式下，计算机和用户将没有明确界线，显式的用户界面形态也将逐步消失。计算机将作为多个智能化的计算设备融入到用户和环境中，它们采集用户和环境的交互信息，智能化地执行交互任务。生理学作为感知和理解用户的关键环节，在未来必然会处于重要的地位。

1.3.5　智能交互技术与认知心理学

近年来，强大的社会需求产生了各式各样的应用场景。要想实现自然和谐的人机交互关系，需要在进行交互设计时考虑物理、社会等不同的计算环境，理解人机交互的复杂本质，探索与之相关的社会环境、自然环境和认知环境，以及人们使用系统的原因，将领域知识应用到系统设计中，并在此过程中逐步形成人机交互新方法，发现更新、更好的计算范式，这也是人机交互技术研究发展的趋势。

在 19 世纪开始设计界面时，人们认为点击计算机上的小图标就能够进行操作是很奇怪的事情，但是根据认知心理学的类比原理发现，人们在心中是有这个图式的，点击图标所见即所得变得更加具有可操作性。再例如当用户进入下载状态时所出现的进度条，这在系统最初的设计中也是没有的，然而用户在这个等待的时间段心情会变得不好，而当进度条被设计出来之后，用户的体验度明显有了改变。事实上，智能交互技术是一个闭环系统，当用户进行一个操作后，如果计算机没有反馈错误，这个反馈就是我们预期的认知，所以在任何操作下，计算机都应该对该操作进行及时反馈，计算机和用户可通过智能交互界面实现交互认知并完成行为处理，见图1-10。只有在充分了解了"人"的心理之后，才能更加清晰他们的需求所在，才能使智能交互技术更加流畅自如，产生良好的结果。

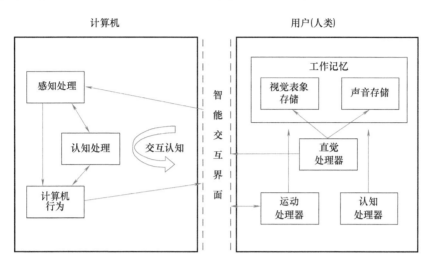

图 1-10　基于智能交互界面的交互认知

　　认知科学（Cognitive Science）是在心理学、计算机科学、人工智能、神经科学、科学语言学、科学哲学以及其他基础科学（如数学、理论物理学）共同感兴趣的基础上，理解人类智能，乃至机器智能的共同兴趣上，涌现出来的高度跨学科的新兴科学[7]。认知科学试图依靠众多学科，理解心智的性质，并在此基础上制造出能思维的机器。认知心理学由于关注和研究人的心智活动，通过协商和学习，形成交互认知，在智能交互技术研究中发挥着重要的作用。

　　人与计算机的情感交流是个复杂的过程，不仅受时间、地点、环境、人物对象和经历的影响，而且有表情、语言、动作或身体的接触。情感计算研究试图通过不断加深对人的情感状态和机制的理解，创建一种能感知、识别和理解人的情感，并能针对人的情感做出智能、灵敏、友好反应的计算系统。情感计算研究有助于提高计算机感知情境，理解人的情感和意图，做出适当反应的能力。情境化是人与计算机交互研究中的新热点。在人与计算机的交互中，计算机需要捕捉关键信息，觉察人的情感变化，形成预期，进行调整，做出反应。例如，通过对不同类型的用户建模（例如：操作方式、表情特点、态度喜好、认知风格、知识背景等），以识别用户的情感状态，利用有效的线索选择合适的用户模型（例如，根据可能的用户模型主动提供相应有效信息的预期），并以适合当前类型用户的方式呈现信息（例如：呈现方式、操作方式，与知识背景有关的决策支持等）；在对当前的操作做出即时反馈的同时，还要对情感变化背后的意图形成新的预期，并激活相应的数据库，及时主动地提供用户需要的新信息。

1.4 习题

1. 什么是人机交互？简述人机交互技术的主要发展历程。

2. 智能交互技术的研究内容有哪些?

3. 简述生理学与智能交互技术的结合产生了哪些应用?

4. 简述多模态智能交互技术的特点。

5. 简述图形用户界面设计的一般性原则。

第 2 章

感知认知和交互技术

2.1 知觉和认知

知觉[8]是客观事物直接作用于感觉器官而在头脑中产生的对事物整体的认识，是人对感觉信息的组织和解释过程，它可以包括生物世界的"刺激反应"知觉和动物世界的"合成判断"知觉。而认知[9]，是指人们获得知识或应用知识的过程，或信息加工的过程，这是人的最基本的心理过程。人脑接收外界输入的信息，经过头脑的加工处理，转换成内在的心理活动，进而支配人的行为，这个过程就是信息加工的过程，也就是认知过程。

知觉意识和认知意识的关系：经验直观的知觉意识是抽象运作的认知意识的根基，抽象运作形成的认知意识是经验直观的知觉意识的提升，见图2-1。

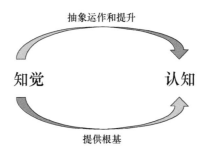

图 2-1　知觉和认知的关系

2.1.1　人的感知

人的感知是客观事物通过感觉器官在人脑中的直接反映。来自人体内外的环境刺激通过眼、耳、皮肤等感觉器官产生信号脉冲，由神经系统传递到大脑中枢而产生感觉，见表2-1，主要包括视觉、听觉、本体感觉（运动、平衡）、化学感觉（味觉、嗅觉）和皮肤感觉（温度、疼痛、压力、触觉）等，它是人们了解外部世界的渠道，也是一切复杂心理活动的基础和前提。比如驾驶员对汽车的"车感"和"路感"，就是通过对身体周围环境的刺激产生的。敏感程度不同的人，反应行为也会有所不同。

表 2-1　刺激及感觉反应

感觉种类	感觉器官	适宜刺激	刺激来源	识别特征
视觉	眼	光	外部	形状、大小、位置、远近、色彩、明暗、运动方向等
听觉	耳	声	外部	声音的高低、强弱、方向和远近
嗅觉	鼻	挥发和飞散的物质	外部	香气、臭气、辣气
味觉	舌	被唾液溶解的物质	表面接触	酸、甜、苦、辣、咸等

（续）

感觉种类	感觉器官	适宜刺激	刺激来源	识别特征
皮肤感觉	皮肤及皮下组织	物理或化学物质对皮肤作用	直接或间接接触	触觉、痛觉、温度觉、压觉
深度运动与内脏感觉	肌体神经及关节	外部物质对躯体的作用	外部和内部	撞击、重力、抗衡、姿势等
平衡感觉	前庭器官	运动和位置变化	外部和内部	旋转运动、直线运动和摆动等

2.1.2 感官与交互体验

交互体验是指用户在操作产品时的感受，即用户和产品之间发生信息交流过程的体验，需要对场景和在此场景下用户的动向进行全面了解。视觉、触觉、听觉、发声、感知等多种多样的感官体验已经超过了简单的身体感觉。每一次体验不仅仅是身体上的感觉，互动的背后都存在更深层的交互意义。

1. 视觉体验

视觉是人与周围事物发生联系最重要的感觉通道，人获取的80%以上的外部世界信息都来自于视觉。产品设计中的视觉体验主要是通过形态和色彩来传递。色彩作为一种信息的传递方式，在表现个人情感、爱好中传递着人们内在的思想意识，它是思想、情感、审美意识的象征，越来越广泛地体现在现代产品设计领域里。

> 🎯 格式塔学派的聚焦点原理告诉我们，当观察一幅场景时，人们注意的焦点会自然而然地被场景中最突出的部分（即与其他元素截然不同的部分）所吸引。为方便用户接收到视觉信息，可以通过屏幕显示设计，让用户能够立即捕捉到最重要的内容。

2. 听觉体验

听觉是仅次于视觉的重要感觉，其适宜的刺激是声音。设计中加入听觉设计可以丰富消费者对产品整体的感受，增加其体验的层次感。适当的声音可以成为很好的反馈信息，让用户准确地把握操作状态，增加对产品的信任度，例如点击鼠标时的喀嚓声、敲打键盘的噼啪声等。

听觉体验的第一种模式是把用户作为电话所发出声音的接受者。电话听筒可以发出通话声、音乐、全球定位系统的语音提示，甚至是应用程序发出的声音。在特定的环境下正确使用声音，可以大幅优化用户体验。

> 🎯 关于听觉体验设计的重要建议：千万小心使用！
> 在用户没有提出任何需求的情况下，声音属于入侵性很强的刺激。在移动过程中或在社交生活中，声音很容易造成不适感。相当多的用户把应用程序发出的声音视为一种侵袭和骚扰。

声音操控的模式越来越多地被广泛使用。在用户腾不出双手的情况下，或者在和传统操作方式相比用声控更方便的情况下，声控应用程序越来越受欢迎。声控功能最困难的部分在于如何理解用户的指令，以及如何让用户轻松地调整指令或者取消错误指令。同其他凭借传感器下达指令的情况一样，下达或取消声控指令最好通过同一通道。声控指令的另一个难点在于用户该如何记住有效指令。使用简单易行、尽人皆知的词语作为指令，有利于用户记忆。此外，设计者还要考虑指令的难易度：使用的词语必须很简短，这样用户才能脱口而出。

在此方面，谷歌公司曾推出自己的音频服务应用，被称为谷歌播客（Google Podcast）。实现了谷歌助理服务＋个性化音频推荐＋内容创作平台。也有国内媒体称谷歌公司推出了自家的喜马拉雅。谷歌公司在听觉体验上实现了个性化音频推荐，是人工智能技术的应用。

3. 触觉体验

触觉接收并对刺激做出反应的速度几乎和听觉一样快，而且在很多时候要比视觉更快。在产品设计中，合理地利用触觉除了可以提高人的效率之外，还能带给用户特殊的感官体验。这一点对于盲人以及生理机能下降的老年人来说尤为重要。对触觉影响最大的就是材料。材料的不同质地和肌理不但直接影响着用户的使用感受和触觉体验，也会对视觉造成冲击，使用户的感官体验更加丰富。

目前，触觉体验方面普及得最好的是触摸屏技术。用户通过"点触"直接与触屏电脑/手机交流、下达指示、在屏幕上运行各种功能、享受服务等，见图2-2。

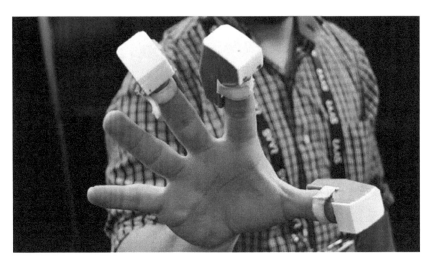

图2-2　用户触屏交互

4. 嗅觉体验

嗅觉作为人体对外界气味的感知，能给人以特殊的感官体验，它所带来的情感反应是其他任何一种感觉所不能替代的。如果能把握用户的嗅觉记忆或喜好，就能利用用户的某种特殊情感体验取得设计的成功，如带香味的圆珠笔设计，再如气味播放器（见图2-3），在未来也许会获得普及。

5. 味觉体验

味觉在设计中的应用相对较少，因为只能放入口中才能感受到，但人的各种感官都是相通的，它们之间必有相辅相成的作用存在，特别是在与食品相关的产品设计中，味觉设计会给用户一种特有的愉悦与体验。

6. 情感体验

基于情感体验的产品设计，注重以某种设计方法激发用户的内在情绪，使其与产品在情感上达到共鸣。设计师们要努力提升虚拟世界的机器情感，进行界面交互设计、声音的录制、互动效果的制作等，用户希望产品带给他们更多的是情感的交互，而并非转瞬即逝的视觉感受。

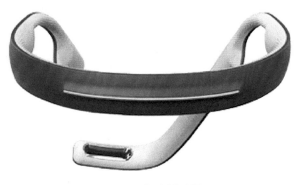

图 2-3　气味播放器

7. 思考体验

基于思考体验的产品设计，是通过某种创意引起用户的兴趣，对问题进行分析、思考，从而创造认知和解决问题的体验。

8. 行动体验

基于行动体验的产品设计，以用户参与的方式使其与产品进行互动，丰富他们的生活。

2.1.3　知觉的特性

知觉是在当客观事物直接作用于人的感觉器官时，人不仅能反映该事物的个别属性，而且能够通过各种感觉器官的协同活动，在大脑中根据事物的各种属性，按其相互间的联系或关系整合成事物的整体，从而形成该事物的完整映像。知觉是纯心理性的，具有如下主要心理特性。

1. 知觉的选择性

客观事物是多种多样的，在特定时间内，人只能感受少量或少数刺激，而对其他事物只做模糊反映。被选为知觉内容的事物称为对象，其他衬托对象的事物称为背景。某事物一旦被选为知觉对象，就立即从背景中突现出来，被认识得更鲜明、更清晰。一般情况下，面积小的比面积大的、被包围的比包围的、垂直或水平的比倾斜的、暖色的比冷色的，以及同周围明晰度差别大的东西都较容易被选为知觉对象。即使是对同一知觉刺激，如观察者采取的角度或选取的焦点不同，亦会产生截然不同的知觉经验。

> 🎯　除了少数具有肯定特征的知觉刺激（如捏在手中的笔）之外，我们无法预测同样的刺激情境是否能得到众人相同的知觉反应。

2. 知觉的整体性

知觉的整体性指人根据自己的知识经验把直接作用于感官的客观事物多种属性整合为统一整体的组织加工过程。整体性可使人们在感知不熟悉的对象时，则倾向于把它感知为具有一定构成意义的整体。当人感知一个熟悉的对象时，只要感觉了它的个别属性或主要特征，就可以根据经验而知道它的其他属性或特征，从而完整地感觉它。

从图 2-4 里我们可以"看见"一个白色的汽车，但是这个汽车并不是由线条组成的，而是因为图片里有许多个圆形，人们通过自己的经验，将缺少的部分自行"脑补"上了，这就是知觉整体性的体现。

图 2-4 知觉的整体性

3. 知觉的恒常性

在不同角度、不同距离、不同明暗度的情境之下，观察某一熟知物体时，虽然该物体的物理特征（大小、形状、亮度、颜色等）因受环境影响而有所改变，但我们对物体特征有知觉经验，心理上就倾向于保持其原样不变的印象。外在刺激受环境影响使其特征虽发生改变，但在知觉经验上却维持不变。

> 🎯 "恒常性"是一种夸张的描述，反映了知觉的相对稳定性，与人们的生活经历有关。当知觉条件的变化超过一定范围，或知觉环境经过特殊处理时，知觉往往会失去恒常性，从而得出错误的判断。

知觉的客观条件在一定范围内改变时，知觉映象在相当程度上保持稳定性。包括：

1）形状恒常性：是指看物体的角度有很大改变时，被知觉的物体仍然保持同样形状。形状恒常性和大小恒常性可能都依靠相似的感知过程。

2）明度恒常性：决定明度恒常性的重要因素是从物体反射出来的光强度和从背景反射出来的光强度的比例，只要这一比例保持恒定不变，明度也就保持恒定不变。

3）颜色恒常性：绝大多数物体之所以被可见，是由于它们对光的反射，反射光这一特征赋予物体各种颜色。一般说来，即使光源的波长变动幅度相当宽，只要照明的光线既照在物体上也照在背景上，任何物体的颜色都将保持相对的恒常性。

4）大小恒常性：在一定限度以内，当知觉的条件发生变化，而产生的印象却不发生变化的知觉特性称为大小恒常性。在图 2-5 中，下方的怪物显得比后上方那一个小得多，两个怪物实际上是完全相同的大小和比例。我们的大脑会自动调整两幅图像，使其"适合"背景图像的清晰视角。从这个意义上说，大脑已经纠正了它"看到"的信息。

4. 知觉的理解性

人的知觉是一个积极主动的过程，知觉的理解性正是这种积极主动的表现。人们的知识经验不同、需要不同、期望不同，对同一知觉对象的理解也不同。当一个知觉对象出现在人们面前，人们用以往所获得的知识经验来理解这个对象，将它归于经验中的某一类事物，以便对知觉的对象做出最佳解释、说明当前的知觉对象的特征称为知觉的理解性。如图 2-6 所示，中间的字可以理解为 B，也可以理解为 13。

2.1.4 认知过程及影响因素

认知过程（Cognitive Process）就是人对客观世界的认识和观察过程，包括感觉、知觉、注意、记忆、思维、语言等生理和心理活动。人类认识世界首先是从知觉和感觉开始。人们感知事物时需要以注意为前提，并从众多信息中将有用的信息筛检过滤，储存到记忆系统，继而形成表象和概念。人在认识事物时会联系和抽象这些事物的内外部规律，其认识靠思维过程来进行，且人类在漫长的进化过程中发展出独特的语言功能，通过它来进行思想交流，思维亦借助语言来进行表达，并实现对认知过程的反应。

人类智能的发展经历着已有认知结构与不断发展的认知进行交互并互为因果的超循环过程。研究表明，人类大脑皮层的结构具备了复杂精确的分析能力并适应人类抽象逻辑思维的需要，见图 2-7。人对外部世界的认知过程，本质上是一个多传感信息的融合过程。人脑通过对多通道信息的相互监督（Self Supervision）来完成学习，从而获得对外部事物的认识；通过对多传感信息的融合，实现对目标的识别与理解；并可以根据已有知识对各传感器实行控制。这种前馈和反馈

图 2-5 哪个怪物更大？[10]

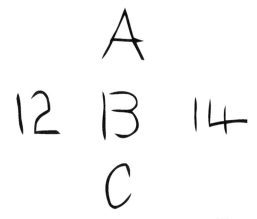

图 2-6 中间这个字更像 B 还是 13？[11]

过程的完美结合，使人脑具有极高的智能水平，即使在噪声环境下或传感信息不可靠时，人脑也能有效地完成其智能活动。这为构造智能系统提供了完美的典范。认知模型本身就可作为一种智能机器的原型，并能为新型的人工智能系统的设计提供新的科学依据和理论指导[12]。

著名的心理学家 H. 西蒙⊖认为，人类认知有三种基本过程[14][15]：

_____

⊖ H. 西蒙（1916—2001），美国心理学家，认知心理学的奠基者。西蒙和纽厄尔等人共同创建了信息加工心理学，开辟了从信息加工观点研究人类思维的方向，推动了认知科学和人工智能的发展。1969 年获美国心理学会颁发的杰出科学贡献奖，1978 年获诺贝尔经济学奖。

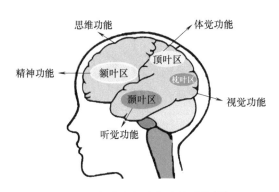

图 2-7　大脑各部位负责的功能[13]

1）问题解决：采用启发式、手段-目的分析法和计划过程法。

2）模式识别能力：人要建立事物的模式，就必须认识各元素之间的关系。如等同关系、连续关系等。根据元素之间的关系，就可构成模式。

3）学习：学习就是获取信息并将其储存起来，便于以后使用。学习有不同的形式，如辨别学习、阅读、理解、范例学习等。

举例而言，消费者对化妆品品牌购买的认知过程，见图 2-8。

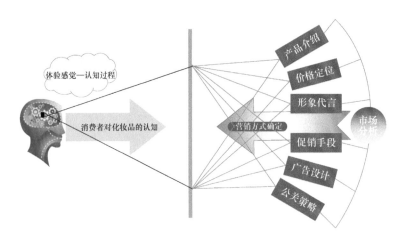

图 2-8　消费者对化妆品品牌购买的认知过程

2.2　输入/输出设备

人机交互从本质上讲，是为了减轻人的认知负荷，增强人类的感觉通道和动作通道的能力。从输入和输出来描述，输入依赖于硬件的发展，无论是流行的移动设备，亦或是其他智能化产品，从体验和功能上都受限于输入方式，交互输入设备不断发展深刻影响着交互技术的变革。输出设备以视觉为主：智能手机、电视等都需要用户用眼睛去看，通过"看"这个行为使用户感知到设计。

大家耳熟能详的智能交互硬件产品有 Microsoft Kinect、Google Glass、Samsung Gear、Fit-Bit Charge 等，这些输入/输出设备有效地推动着人机交互的发展。

1. 智能音箱语音交互

智能音箱是近年来比较热门的智能硬件产品,见图2-9,传统的智能硬件产品交互起来有一个痛点:假设你要对一个硬件下指令,你需要做一系列动作,但是如果使用智能音箱的话,只要对着音箱下指令就好了,步骤的简化大幅提升了使用效率。市面出现了大量同类产品,从一开始只有亚马逊的Alexa以及Google Home,到后来苹果的HomePod、天猫、小米、叮咚等

图2-9 智能音箱

智能音箱也相继加入市场。当然,目前智能音箱还存在着一些影响体验的问题,比如接口不统一、语音识别率低等。不过,随着硬件及软件的不断迭代,体验一定会越来越好。

2. 类Kinect/Face ID交互

微软的Kinect可以捕捉到用户肢体(包括头部面部)的动作并和设备产生实时交互,苹果为纪念iPhone诞生十周年推出的Face ID技术也与之相类似,改良后获得了更好的交互体验。图2-10为Kinect人体姿势识别。

图2-10 Kinect人体姿势识别

3. AR/手势/投影交互

AR(增强现实)技术可以实时地在现实环境中渲染虚拟数字信息,通过现实和虚拟的结合来帮助用户完成某项任务和活动。图2-11为AR游戏Pokemon Go. AR中的虚拟数字信息通过与现实环境以及用户的实时互动来向用户传递有价值的信息。相比传统的2D层面的交互,AR可支持更加丰富的三维层面的交互方式。这种方式不再仅限于主动式的交互(点击、滑动)方式,它还包括用户行为的被动触发。

图 2-11　AR 游戏 Pokemon Go

4. 云技术/大数据

亚马逊的 AWS（Amazon Web Services）可以提供非常专业的大数据和云计算服务以及云解决方案。国内的阿里、腾讯也都投入了大量的资源，这也显示出了大数据的重要性。滴滴、饿了么、ofo、摩拜等，这些公司运行中获得的大数据都具有相当大的价值，也会对未来的智能硬件和交互模式的优化起到帮助作用。

2.3　交互技术

交互方式的变化不仅为我们带来新的体验，而且改变了人机之间的关系。事实上，一种交互方式的转变并非那么容易，除了在技术稳定性上的不断提升，更重要的是人们行为习惯的转变，就像人们从早期的按键手机逐步过渡到智能手机一样。这样微妙的变化，不断演变出新的应用场景，直到出现更多的便捷应用方式，如滴滴打车、高德地图、百度外卖等。生活中，交互方式转变成离开办公桌上的 PC，随时随地掏出口袋中的智能手机来完成各种操作。因而，交互方式的改变在很大程度上重新定义了互联网对人们工作和生活的意义。

按照交互过程中信息流的表现形式，可以将交互方式分为数据交互、图像交互、动作交互、语音交互等几大类，见图 2-12。

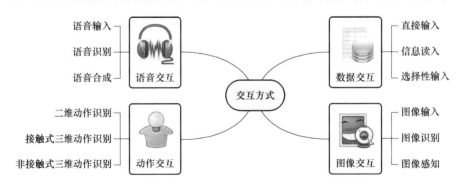

图 2-12　主要交互方式

2.3.1 基本交互技术

1. 数据交互

数据交互是指在用户与产品之间，用户输入信息为数字、数值或文本。输入的形式包括：

1）直接输入：允许输入精确的数值，输入灵活，但容易出错，因而对重要的数据系统需要进行正确性判定，或者用户确认。

2）选择性输入：多采用菜单形式，用户可根据列出的菜单项进行直接选择，或输入菜单项的序号。用户没有记忆负担，且不易出错。但若菜单的项数和子菜单的层次太多，输入的效率不高。

3）信息读入：信息读入需要专用的信息读入设备，从电子标签、条形码或电子芯片或磁卡中读入预置其中的信息，如产品编码、标识等。

2. 图像交互

图像交互是通过图像来传递信息，多用于图形用户界面。对于用户来说，主要通过界面表达或输出图形所传达的意义来正确识别产品[16]，以确定后续的交互动作或行为。图像交互大致包括：

1）图像输入：通过扫描、图片文件或现场采集等方式获得图像信息，产品系统利用图像处理技术将像素信息转换成能用二进制表示的数值，以便于存储、检索和输出。对实时图像处理应具有输入和输出效率高、不失真和较低资源消耗的要求。

2）图像识别：对静态图像进行分析、理解和处理，识别图像中感兴趣的目标和对象。对产品来说，为了识别图像，则需要用到"人工智能"技术，如采用模板匹配模型（将输入图像与存储的图像模板进行比对）、格式塔心理学家提出的原型匹配模型等，前者相当于完全匹配，后者为相似性匹配。

> "猜画小歌"是由谷歌公司开发的一款人工智能猜画小程序，见图2-13。用户绘制出日常物件，然后神经网络会在限定时间内识别用户的涂鸦。该网络源自全世界最大、囊括超过5000万个手绘素描的数据集。旨在让用户了解、体验人工智能的乐趣！

3）图像感知：利用图像传感器输入（采集）图像或视频，通过一定的数学模型和算法，理解实时图像的特征点或特征区域，如眼动跟踪、运动物体识别、颜色分辨等。

3. 动作交互

通过动作来传递信息的交互形式称为动作交互或行为交互。动作交互应用于游戏类产品，可以丰富操作形式，提高游戏的娱乐性、参与性与互动性。动作交互应用于各类实用的信息产品，从而改变传统的使用、操作和控制方式，使人的交互行为更贴近于自然方式。动作交互大致包括：

1）接触式二维动作识别：用户通过移动鼠标将 X 方向和 Y 方向的信息传递给计算机系统，在屏幕上跟踪或显示运动轨迹。

2）非接触式二维动作识别：利用摄像头进行实时视频捕捉，再根据前后两帧的像素变化来识别运动。

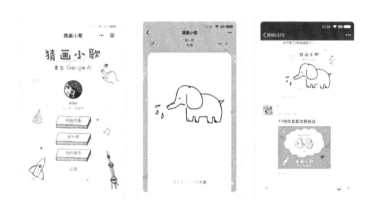

图 2-13　谷歌的猜画小歌

3）接触式三维动作识别：利用内置加速度传感器（G-sensor）设备，通过感知该设备的三维空间位置变化来识别其动作。

4）非接触式三维动作识别：采用 3D 体感摄影机，具有即时动态捕捉、影像辨识、麦克风输入、语音辨识、社群互动等功能，不需要用户佩戴或手持专用设备，更适合于人们的自然行为方式。

2.3.2　语音交互技术

语音交互是以"说话"的方式来实现用户与产品之间的信息交流，是一种自然的、流畅的、方便快捷的信息交流方式[17]。语音交互大致包括：

1）语音输入：利用声音传感器（麦克风）接收音频信息（模拟信号），再通过语音卡等软件技术，采用一定的编码方法，把模拟的语音信号转换为数字语音信号。

2）语音识别：也称为自动语音识别（Automatic Speech Recognition，ASR）。语音识别技术把语音信号转变为相应的文本或命令，主要包括特征提取技术、模式匹配准则和模型训练技术三个方面。语音识别技术在车联网也得到了充分的应用，例如在讯飞的飞鱼助理中，只需口述即可设置目的地直接导航，更安全、更便捷。

3）语音合成：语音合成又称文语转换（Text to Speech，TTS），是将文字信息实时转化为标准流畅的语音，相当于给机器装上了人工嘴巴。它涉及声学、语言学、数字信号处理、计算机科学等多个学科技术，是中文信息处理领域的一项前沿技术。我们所说的"让机器像人一样开口说话"与传统的声音回放设备（系统）有着本质的区别。传统的声音回放设备（系统），如磁带录音机是通过预先录制声音然后回放来实现"让机器说话"的。这种方式无论是在内容、存储、传输或者方便性、及时性等方面都存在很大的限制。通过计算机语音合成则可以在任何时候将任意文本转换成具有高自然度的语音，从而真正实现让机器"像人一样开口说话"。图 2-14 为语音合成系统框架。

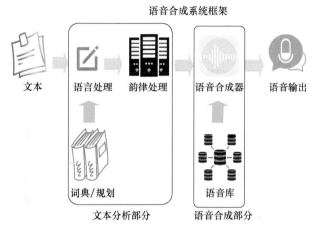

图 2-14　语音合成系统框架

　　语音交互具有广泛的应用前景，可应用于人机对话、不同语种之间的交流、语音控制、外语学习等方面。语音交互中的关键技术是语音识别，目前语音识别特别是中文语音识别率还不可能完全达到实用的要求，使用时必须符合一定的要求才能达到语音的正确识别，如：正确使用麦克风，使用环境要相对安静，要进行口音适应训练和口音分析，口音要规范，尽量使用标准普通话。Siri 是著名的语音交互产品，见图 2-15。

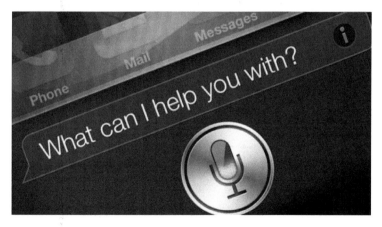

图 2-15　语音交互

　　中国人工智能学会发布的《2018 人工智能产业创新评估白皮书》指出，随着人工智能迎来第三次发展浪潮，社会各界对人工智能的投入与期许空前高涨。报告结合人工智能细分技术的发展和应用水平，聚焦语音交互、文本处理、计算机视觉和深度学习四项重要技术，可见语音交互已是人工智能产业创新发展的核心部分之一。

2.3.3　多点触控交互技术

　　多点触控（又称多重触控、多点感应、多重感应）的英文为 Multitouch 或 Multi-Touch，见图 2-16，是采用人机交互技术与硬件设备共同实现的技术，能在没有传统的输入设备时，通过一个触摸屏或触控板，同时接受来自屏幕上的多个触控点，进行人机交互操作[18]。

图 2-16　多点触控

常用的触控面板技术依据感应原理的不同有表面声波式、电阻式、电容式和光学式等几种，但在多点触控技术应用中，目前电容式和光学式可实现多点触控，其他技术仅能实现单点触控。电容式触控技术主要分两种，即表面电容（Surface Capacitive）式触控技术和投射电容（Projective Capacitive）式触控技术。光学触控技术利用光学传感器对细致动作反应快速的特点，创造性地实现多点触控，其定位准确率、反应速度及使用寿命都大大优于现有的其他触控技术。

目前多点触控技术被定义为"表面计算技术"，其硬件设备和软件技术也在不断发展，从光感应式到各种支持多点触控技术的大屏幕显示屏及投影环境下的多点触摸技术的开发。作为一种自然、简便、高效的交互技术，多点触控有效地向现实中的双手操纵方式靠拢，与人机用户界面的自然化发展方向相一致。

2.4　基于感知技术的人车交互

如今的移动互联网时代，人机交互早不再局限于打字和触摸，在汽车领域，基于语音识别的自然语言交互也是大势所趋。汽车在过去的一百多年发展过程中一直无法在娱乐化功能上有较大的飞跃，最主要的原因就在于汽车上所有的功能都需要满足"安全"这个前提。时下流行的触控交互方式虽然相比传统的物理按键和旋钮更加富有科技感，但因为需要太多视线，对于驾驶者单独操作来说并不太方便。

在 L5 级⊖自动驾驶真正解放驾驶者之前，我们仍需要用双手握住方向盘，用眼睛来观察前方道路情况。那么，如何让驾驶者能够通过感知技术来与汽车进行交互，把与汽车的沟

⊖　根据国际汽车工程师学会（SAE）的 3016 标准，自动驾驶根据驾驶操作、周边监控、复杂情况下动态驾驶任务的执行者、系统支持的路况和驾驶模式等要素划分为 L0 级到 L5 级共六个等级。

通变得像人和人之间的沟通一样简单，这成为众多车企和科技公司研发与产业化的热点。

利用科大讯飞等语音引擎解决方案，可有效地实现基于语音的交互。车载智能音箱通过语音合成引擎实现人机会话，完成最基本的交互；通过语音识别引擎实现语音指令识别，将语音指令转化为机器指令，完成交互功能的"操控"；通过声纹识别引擎进行基于语音的身份识别，实现人机交互中系统安全设定功能。图2-17给出了智能音箱交互体验效果，示例中可通过语音交互进行天气状态及周围相关信息的播报。

面向无人驾驶环境的需求，主要包括以下11类基于语音引擎的交互功能并可通过智能音箱播报：①自驾驶车当前驾驶意图与状态播报；②自驾驶车当前周边地理、交通环境播报；③乘员目的地表达及响应（包括乘员发出执行指令及系统告知乘员行驶路线等）；④乘员意外情况请求及响应；⑤车主/驾驶员声纹身份识别；⑥车辆意外事故的紧急求助；⑦空闲时的休闲娱乐（音乐、导游、相声等）；⑧远程共享汽车的服务请求（语音或文字）及响应；⑨边缘驾驶状况下和周边车辆及行人的语音交互；⑩多乘员状态的目的地决策表达；⑪运维人员、开发人员与自驾驶车的交互。

图2-17 智能音箱交互体验效果

2.5 习题

1. 人机交互过程中人们经常利用的感知有哪几种？每种感知有什么特点？
2. 目前较流行的智能输入输出设备有哪些？能实现哪些功能？
3. 请简述知觉的特性。
4. 按照交互过程的信息流表现形式，交互方式分为哪几类？请举例说明。
5. 基于语音引擎的无人驾驶交互技术可实现哪些商业功能？请设想交互技术能给无人驾驶技术带来什么样的前景？

第 3 章

交互设计准则

3.1 用户体验的定义

用户体验最先由美国认知心理学家唐纳德·诺曼[⊖]于 1995 年提出，他指出成功的用户体验必须做到以下三点[20]：①在不骚扰、不让用户厌烦的情况下满足用户的需求；②提供的产品要简洁优雅，让用户高兴、愉悦地拥有；③要能给用户带来额外的惊喜。

随着用户体验在内容和架构上不断扩展，用户体验的涵义也在不断地扩充[21]。近年来，可用性、以用户为中心的设计、感性工学、互动式体验、情感化设计等与用户密切相关的研究领域都涉及用户体验的某些方面，但是对于用户体验的真正含义、具体内容以及评价方法并未形成共识[22]。

ISO 9241‑210 给出的"用户体验"定义最具影响力：人们针对使用或期望使用的产品、系统或者服务的所有反应和结果。该定义指出用户体验是用户与产品交互过程中产生的，包括用户的心理感觉、肢体感觉，以及用户体验为用户所带来的结果，体验结果主要是用户的感知和反应，包括情绪和生理反应等。

3.1.1 交互设计流程

被誉为交互设计之父的艾兰·库伯[⊖]提出了一个国际上广为认可的交互设计流程[24]，见图 3-1。

图 3-1 交互设计流程

在交互设计流程中，用户研究是为了定位产品的目标人群和用户需求[23]，研究方法有用户访谈、发放问卷、实地考察等。在了解目标群体后，从中挑拣出最典型的一个或多个形象来建模，确定它们的主要特点、需求和目的。之后，设计师应该对交互方案大致有了一个抽象的概念，就能画出流程图或线框图。流程图、线框图可以把产品的逻辑理顺，也是跟项目经理以及程序员沟通的利器。线框图示例见图 3-2。

原型设计（详见本书第 4 章）可以让团队对产品的理解保持一致，并对最终的产品有更直观的理解，方便测试评估下一步工作。相反，如果等到完成视觉稿甚至产品开发出来再测试，出了问题将会非常麻烦，不仅浪费人力，还会拖延整个项目的进度。

⊖ 唐纳德·诺曼（Donald Arthur Norman，1935 年—），美国认知心理学家、计算机工程师、工业设计家，认知科学学会的发起人之一，关注人类社会学、行为学的研究。代表作有《设计心理学》《情感化设计》等。

⊖ 艾兰·库伯（Alan Cooper，1952 年—），"VB 之父"和"交互设计之父"，荣获视窗先锋奖（Microsoft Windows Pioneer）和软件梦幻奖（Software Visionary）。

图 3-2   线框图示例

注意：上述流程是理想状态下的流程，实际上每个公司、团队都有自己的工作方式。

3.1.2   交互设计的原则

人机交互专家雅各布·尼尔森⊖于 1995 年发表了十大可用性原则[25]，这是产品设计与用户体验设计的重要参考标准。熟练掌握十大可用性原则，对于指导设计和提升整个产品的可用性体验非常重要。

1. 状态可见原则

英文：Visibility of System Status

解释：指让用户知道系统正在干什么或干了什么，要给用户及时的反馈信息。

比如当在手机中进行语音输入时，见图 3-3，会根据声音的大小实时显示对应的波形，这就是所谓的状态可见性。

提示：可以把用户想象成一个没有耐心的无知孩童，需要随时向他解说现在正在做什么、进展如何，只有这样用户才不会感到焦急和茫然无措。

⊖   雅各布·尼尔森（Jakob Nielsen，1957 年—），著名网页易用性专家，被誉为可用性测试鼻祖。2000 年入选了斯堪的纳维亚互动媒体名人堂，2006 年被纳入美国计算机学会人机交互学院，被赋予人机交互实践的终身成就奖。

2. 场景贴切原则

英文：Match Between System and the Real World

解释：产品的逻辑应该符合真实世界中的一些惯例和人类自然思考逻辑，不论是界面上的隐喻、模拟情景等设计都应符合真实的世界，便于用户理解使用。好的设计可让用户有符合实际情况和熟悉操作的体验[26]。

如图 3-4 所示，这款日历备忘录模仿了过去 iOS 的拟物化界面，这让应用程序看起来像真的笔记本一样，使得用户无须学习立即就能上手使用。

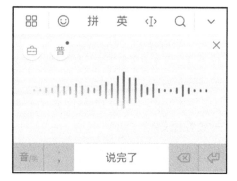

图 3-3 手机语音输入

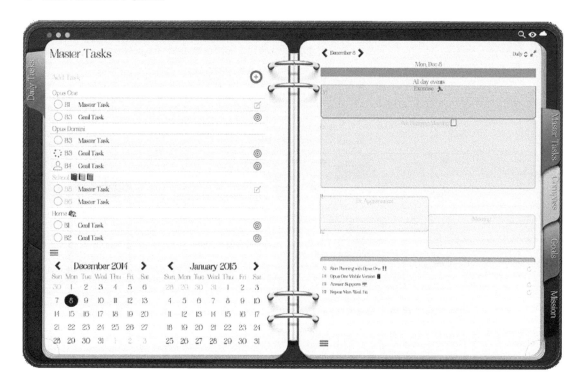

图 3-4 日志备忘录 Opus One

3. 用户可控原则

英文：User Control and Freedom

解释：用户可能并没有工程师以为的那么聪明，所以当他们操作失误的时候，给一个"安全出口"允许用户快速返回到原始状态。

从图 3-5 的微信聊天界面中我们可以看出，当用户发出一条消息，在两分钟内可撤销消息，甚至还可以对此消息重新编辑再重新发送，而这正是遵循了此原则。

你撤回了一条消息 重新编辑

 智能机器人 发送

图 3-5　微信撤回重新编辑消息

4. 一致性原则

英文：Consistency and Standards

解释：在遵循惯例的基础上也要保证产品功能操作、控件样式、界面布局、提示信息的一致性，不要让用户在使用时发现不符合规范的地方。

再比如，现在很多产品既有 PC 端又有 App 端，应该让它们的文字、图标、色彩尽量统一，这样可以有效降低用户的学习成本。如图 3-6 所示，是"知乎"在电脑、平板和手机上的观看效果。

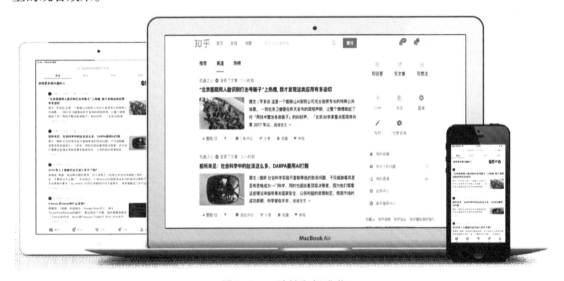

图 3-6　一致性和标准化

5. 预防出错原则

英文：Error Prevention

解释：用户在使用产品时难免会出错，但好的产品应该是防止或最大限度地减少出错的可能性。比如，提供更多提示并让用户选择而不是输入。

此外，如果不能进行某些操作，那就置灰或隐藏，如图 3-7 所示，不要等用户点击完成时才告知不能使用，这样可能会使用户有种被戏弄的恶劣感觉。

6. 协助记忆原则

英文：Recognition Rather Than Recall

解释：人总是倾向于懒惰的，所以应尽量减少用户对操作的记忆负担，如果可以给出提示或直接选择就最好了。图 3-8 为"咚咚驾驶"App 语音输入提示。

图 3-7 手机支付时置灰或隐藏的操作

图 3-8 "咚咚驾驶"App 语音输入提示

7. 灵活高效原则

英文：Flexibility and Efficiency of Use

解释：这一原则意味着用户在使用产品时可以方便快捷地完成相关任务或操作。通常，可以向不同用户提供差异化功能。图 3-9 为"途马驾驶"App 的最近联系人和常用联系人。

8. 美观简洁原则

英文：Aesthetic and Minimalist Design

解释：在产品设计或相关界面中，让相关信息尽可能清晰，不要太复杂或烦琐，即突出重要内容，以消除或减弱干扰和不相关的内容。

在百度的搜索页面中突出的就只有文本框和"百度一下"按钮，图 3-10 所示，内容突出，美观简洁。

9. 容错原则

英文：Help Users Recognize、Diagnose and Recover From Errors

解释：如果用户出错，应提供及时和正确的帮助。这是为了帮助用户识别错误、分析错误的原因，然后帮助用户回归正途。如果实在不能帮助用户从错误中恢复，也请深度帮助用户最大限度地减少损失。即使

图 3-9 "途马驾驶"App 的最近联系人和常用联系人

图 3-10　百度搜索网站

用户进行了错误操作，也要让它返回问题发生之前的状态。

从图 3-11 的界面中我们可以看出，当连接失败时，"云车助手"App 会有相应的提示信息，还提供了一个"快速连接"按钮以供用户连接车载设备。

10. 人性化帮助原则

英文：Help and Documentation

解释：帮助性提示最好的方式是：①无须提示；②一次性提示；③常驻提示；④帮助文档。为用户提供必要的可以看懂的帮助文档，文档中应包含用户可能遇到的各种情况和信息，帮助文档要全、简单，用词要本地化。在 Photoshop 中当光标指向工具时会弹出使用帮助，见图 3-12。

图 3-11　"云车助手"App

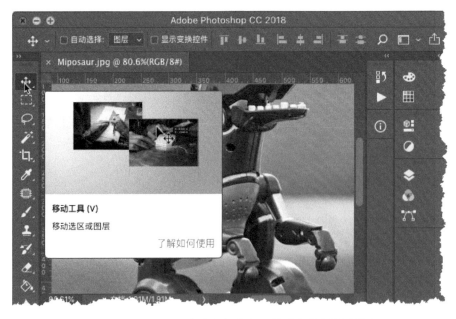

图 3-12　Photoshop 中当光标指向工具时会弹出使用帮助

3.1.3 用户体验的应用环境

脱离具体环境，单纯谈用户体验是没有任何意义的。为明确应用环境，需回答如下五个问题：

1）要做哪些事——确定业务范围，确定不做的事；

2）谁是目标用户——了解用户的层次；

3）解决了哪些问题——了解某产品或服务的价值；

4）如何发挥作用——了解产品或服务在不同阶段的关键环节；

5）可以给用户带来哪些好处——这是用户使用产品或服务的唯一原因。

3.2 桌面系统应用的交互界面设计相关类型

PC 端的软件应用一般称为"桌面软件"。一般来说，交互设计最初起源于桌面软件的界面设计。绝大多数的桌面软件都是提供给用户进行操作使用的，因此桌面软件的功能及界面操作模式需要以用户的角度进行设计，桌面软件设计目标是用来有效地服务于人们的需求。在最近的几年中，对于这方面的设计被扩展到网页、嵌入式系统以及移动设备开发中，这部分内容将会在后面的章节中进行讨论。

我们根据桌面软件的交互模式和界面形式的不同，将其分为四种类型：独占应用、轻应用、后台应用和 Web 应用。接下来，我们对这几种不同类型桌面软件的交互设计进行讨论。

3.2.1 独占应用

独占应用⊖是指该类应用程序占据桌面系统绝大部分界面，并长时间占据使用者的全部注意力。独占应用提供了特定的功能，用户需要较长时间使用它来完成相应的工作。使用者通常会长时间单一使用该应用的功能界面直到工作完成，在这段时间内，不希望其他应用程序界面对其产生影响。这类应用典型的例子有文字编辑软件、图形处理软件和浏览器软件等。独占应用通常会通过复杂的程序完成单一的工作，其交互界面通常具有相似性。应用于用户进行交互时，窗口通常被最大化。

独占应用通常会被长时间的使用，用户通常会通过基本的输入设备（键盘、鼠标等）与之进行交互。举例来说，用户使用 PowerPoint 软件进行演示文稿制作时，见图 3-13，其界面通常会被用户全屏显示在 PC 桌面上。用户主要依靠鼠标和键盘输入对独占应用内容进行编辑，并配以菜单及功能按钮的辅助功能进行相应的设计。用户会将注意力长时间集中在主编辑区中，菜单及功能按钮会被偶尔使用以辅助设计。

鉴于上述情况，独占应用在对其进行交互设计时，需遵循一些通用的设计思路。

1. 最大限度的使用屏幕

由于用户和独占应用的互动占据着用户使用 PC 的时间，因此该类应用就应该尽可能多地使用屏幕空间。该类应用在使用时，用户几乎很少会同时使用其他应用，因此不必对空间

⊖ 独占应用，《About Face 3：交互设计精髓》中称为独占姿态应用。

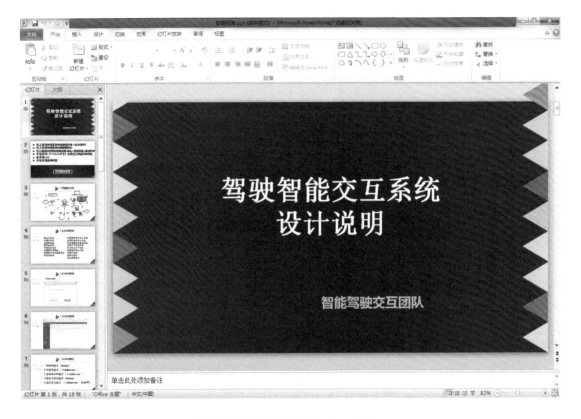

图 3-13　独占应用举例：PowerPoint

进行划分，要尽可能地让独占应用很轻易地占据全部桌面系统屏幕。

　　独占应用通常以最大化的方式运行。但用户有时会有特殊需求，也可能会需要该类应用暂时退出独占模式，因此需要将此类应用设计为能够较容易地退出全屏独占模式，在必要的时候再将屏幕占据回来。当然，全屏模式是其主要的工作模式，设计其交互方式尤为重要。

2. 突出主功能模块的显示

　　独占应用一般为专用功能的特定应用，例如 Word、Photoshop、PowerPoint、Autodesk CAD 等，它们主要为用户实现特定的设计、浏览功能，因此其主要功能模块需要突出显示。用户在使用此类应用进行设计、浏览时，注意力会集中在主功能模块上。例如 Photoshop 的绘图模块必须占据绝大多数的屏幕空间以实现清晰化的显示，方便用户绘制图像，见图 3-14，因为用户使用该软件时的主要关注点就在绘图区域中。另外，应在主功能模块的边缘放置常用控件，以方便用户使用这些最常用的功能。这些控件长期使用，用户会对其功能排列逐步熟悉，以此，控件的尺寸不宜过大且排列要遵循一定的使用习惯。

3. 使用单一的视觉风格

　　独占应用推荐采用单一的视觉风格进行设计，包括菜单、控件的风格及配色等。花哨、华丽的功能控件会消减用户使用软件的专注度和注意力，引起视觉疲劳，这并不利于软件的长期使用。

图 3-14　Photoshop 软件拥有大范围的绘图模块

3.2.2　轻应用

轻应用一般指功能单一的简单应用程序。用户在使用轻应用时通常打开该类应用时间较短，完成一种功能后会将其关闭或最小化隐藏，因此该类应用常见于使用有限的附加控件，为了展现特定的功能。该类常见的典型应用有：计算器（见图 3-15）、腾讯 QQ 等。轻应用在使用时需前置到屏幕上，由于其功能有限且单一，该类应用不会占据整个屏幕，因此不必提供全屏功能，但应设计可随意拖动。轻应用不会长期占据屏幕，因此用户可能不会十分熟悉其中控件的排列及功能，该类应用程序的用户界面需要细致、清晰，并显眼地显示控件，不能有混淆或错误。该类应用一般有精确图例的大图标，用容易阅读的字体显示出来。

轻应用在应用世界中充当暂时的角色，这时就没有必要吝惜像素和视觉元素的使用，我们也可以将轻应用设计成模拟显示实际设备的效果。例如要设计一个录音机应用程序，可以将用户界面模拟成现实录音机的模样及操作方式，见图 3-16，使用户一看就明白，就会操作。

图 3-15　轻应用——计算器

尽管轻应用必须节约使用屏幕上的空间，但其界面上的控件与独占应用相比应该更大更显著。轻应用建议使用色彩斑斓的视觉设计，这种类型的设计如果出现在独占应用中，几个星期后用户就会感觉沉闷和乏味。但轻应用由于不会长时间地停留在屏幕上，因而用户不会有这样的困扰。相反，在程序弹出时，醒目的图形反而有助于用户更快地定位应用程序。在用户打开轻应用的程序界面时，他所需要的信息和功能控制应该直接显示在程序窗口上，让用户的注意力集中在这个窗口，不要再转移到其他窗口和对话框，这有利于完成应用程序的主要功能。在设计轻应用时，要避免应用在运行时增加额外的视图或对话框，见图 3-17，在计算器中执行 9÷0 的计算，直接在输出窗口输出提示肯定要比弹出一个提示窗口要好的多。

图 3-16　轻应用用户界面举例：录音机

图 3-17　计算器执行非法计算后的结果

3.2.3　后台应用

那些在系统中运行但通常不与用户进行交互的程序是后台应用。应用运行时隐藏在后台，提供服务或功能，无须用户干预就可以完成很重要的任务。后台应用典型的例子是各种设备驱动程序以及网络连接功能，如图 3-18 所示为网络连接应用。

后台应用通常是完全隐形的，或许需要在任务栏或桌面很小的区域显示其运行的状态，但后台应用的功能是完备的。一般是长期运行，常常是计算机开着，它就开始在后台执行其进程、实现其功能。后台应用在运行时，有时需要与用户传递信息，比如网络连接应用需要适当提供网络

图 3-18　后台应用举例：网络连接应用

连接状态以及出现故障时的故障状态信息，便于用户尽快了解后台应用的运行情况。这种信息的传递仍旧需要进行交互设计，但是这种交互往往是暂时的，比如出现故障时临时弹框显

示故障原因及解决方法等。

后台应用设计时应该注意，程序正常运行时对于用户是不需要进行交互的，在用户偶尔需要的情况下，如何对用户展示其应用运行的状态，以及在出现故障时如何快速地为用户进行提示以及反馈解决方法，是需要着重考虑的问题。

3.2.4　Web 应用

在互联网出现的初期，Web 应用以网页的形式展示图形界面，方便用户访问互联网以及进行便利的网络功能操作。因此，Web 应用就是通过 Web 浏览器与互联网实现交互的应用形式。Web 浏览器最早被用来简单浏览阅读一些共享文档，为用户快捷地使用 HTTP、FTP、Gopher、SMTP、POP 等协议提供了简单、方便、快捷的方法，并且省去了许多麻烦。Web 应用最初就是由这些纯粹的文档（或页）所组成，这些文档的集合被称为"网站"（Web Site）。

目前，我们使用 Web 应用这个名词来指代 Web 上提供的相关服务，例如：新闻浏览、搜索、邮件收发、提交表单、网络购物、听音乐、看视频等。

一个 Web 应用往往是由多个 Web 页面组合而成，通过这些 Web 页面来实现一整套的页面功能。

Web 应用页面以首页为展示起点，以图片、文字、按钮等控件作为组成元素，以功能按键、超链接为用户提供相应的功能及其他页面的入口，图 3-19 为 Web 应用（知乎的首页）。

图 3-19　Web 应用（知乎的首页）

Web 上的内容包罗万象，版式丰富多彩，但无论怎样的变化，好的 Web 站点总是有许多共同之处，例如：精心组织的内容、格式美观的正文、和谐的色彩搭配、较好的对比度，使得文字具有较强的可读性。另外，生动的背景图案，页面元素大小适中、布局匀称，使不同元素之间留有足够空白，给人视觉上休息的机会。各元素之间保持平衡，文字准确无误，无错别字、无拼写错误。总的来说评价一个页面设计的好坏基本上要考虑下述因素。

1. 组织内容

设计 Web 页面时，所发布的材料必须经过精心组织，比如说按逻辑、按时间顺序或按地理位置等进行组织，而且这种内容组织应当是易于理解的。

材料组织好后，接下来在 Web 页面上布置文本、图片等内容，目的是引导浏览者在页内浏览。我们应该控制页面上元素的放置顺序和它们相互之间的空隙。比如，可以把与一段文字相关的图形放在段落旁边或嵌入段落中，但不要把与段落无关的图形放在段落边上，以免引起浏览者的误解。把相关的内容放在一起，而不相关的内容用空白、水平线或其他图形分隔开，最好是浏览者看完一页之后可以选择继续读下去或通过链接跳到其他合适的主题上去。

由于人们阅读材料习惯于从左到右，从上到下，因此眼睛首先看到的是页面的左上角，然后逐渐往下看。根据这一习惯。我们在组织内容时可以把希望浏览者最先看到的内容放在页面的左上角和页面顶部，如公司的标记，最新消息以及其他一些重要内容等；然后按重要性递减的顺序，由上而下放置其他一些内容。重要的内容应当是浏览者最容易发现，而不是放在很深的链接之后的，页面上的广告为了达到宣传效果，通常也放在页面顶部显著位置。在段落中不宜放入过多的链接，否则会引起浏览者阅读上的混乱，最好的办法是按逻辑关系选择放置，而不是随便乱放。如果可能的话，应该把链接放在一些相关的说明性文字旁边。比如，在一列放置文本，在另一列放置链接。这样就可以提示浏览者去使用这些链接。

2. 设计时可用的一些元素

在确定 Web 站点的基本组织结构之后，就可以着手设计页面了。表 3-1 所示是设计时可供使用的一些元素。

表 3-1　设计时可用元素

元　　素	设 计 说 明
格式化文本	Web 本身对文本和字体的格式化能力并不强，在 Web 页面中，可以指定文本尺寸、排列和其他的一些格式化属性（序号列表和无序号列表），但建议不要改变字体而应当使用缺省字体，如果确实有必要使用少量特殊字体，可以把这些字画在图片上，然后将图片插入到页面中；按钮、图标和其他导航工具，帮助浏览者在 Web 内导航
背景	给页面添加背景，包括纹理填充、水印式背景和长条状背景等，可以使得页面更加美观，给浏览者留下深刻的印象
图形	可加入图片、图表和图形等
表格	用来显示按行和列组织的信息，比如产品价格表、客户名单等
颜色	包括图片的色彩、文本和背景的色彩等
多媒体元素	包括声音、动画、视频片断、背景音乐等
页面布局	在页面上放置文本、图形等元素，在元素间添加横线条、空白等，并用表格、杠架进行排版

3. 选择文本和背景的色彩

色彩可以使页面更加生动。首先，使用色彩可以产生强烈的视觉效果，使页面在浏览者心中留下很深的印象；色彩还可以传递设计者的思想情感。但是注意慎重选用色彩搭配，否则很可能弄巧成拙。滥用色彩容易造成视觉上的混乱。一般情况下不要过多地使用效果太强烈的色彩，对于大面积的文字来说，白底黑字或黑底白字总是最佳选择。

通常还应该选择相近的色彩。多数的页面背景为白色、黑色或灰色，其他一些次要的元素，如背景图片、线条适宜采用不抢眼的色彩。在数量有限的情况下，只有少量精心选择的元素为了起到强调的作用，才采用明亮的色彩。在数量有限的情况下，彩色亮点会产生强烈的视觉冲击，但如果用得多了，就会形成一种均匀的噪声，而达不到强调的效果。图 3-20 为 Web 页面的色彩方案。

图 3-20　Web 页面的色彩方案（知乎）

4. 其他方面的交互性问题

由于 Web 应用几乎都需要与网络数据连接，因此页面数据内容要适当考虑带宽的问题。Web 页面使用太多的动态控件、大量的高分辨率的图片显然是不太适合的。

Web 应用依托于浏览器进行展示，因此 Web 页面要尽可能适用于更多不同的浏览器，并且要考虑不同分辨率带来的问题。

为了便于与用户进行交互，网页在便于阅读的同时，要方便浏览者快速地找到较多要使用的东西，例如：登录按钮、导航操作等。Web 页面可设计简单的交互方式，将核心内容推荐至醒目位置。

注意：一个优质的 Web 设计，最重要的一点是要有创意，没有创意的 Web 网站很难吸引用户来体验。

3.3 桌面系统应用界面设计原则

作为桌面系统的应用，应设计友好的有吸引力的交互界面，为用户提供符合使用习惯的、便捷的操作方式，才是设计的正确思路。这里将桌面系统的应用程序界面设计总结为以下设计原则。

1. 遵循一致的准则，确立标准并遵循

应用界面应遵循统一的标准，无论是控件的操作方法、提示信息，还是色彩或者窗口布局风格。这会带来以下好处：

1）用户可以使用它来构建精确的心理模型。熟悉了一个界面后，切换到另外一个界面能够很轻松地推断各种功能。

2）减少培训成本和技术支持成本，无须支持人员逐个费力指导。

3）给用户一种统一感，而不会感到困惑。

因此，在软件设计的早期阶段，有必要建立起 UI 规范：设计师提供配色方案，提供整体配色表，UI 开发程序员、用户体验师提出合理使用的控件库。控件功能应符合行业标准，控件样式可在允许的范围内统一修改其风格和色调。当然，特殊情况下可根据需要设计专有控件，其准则为简化操作并满足功能要求。

2. 恰当使用颜色，遵循对比原则

统一色调，为不同的软件和用户的工作环境选择正确的色彩。比如安全软件，可根据行业标准选择黄色和绿色来体现环保，选择蓝色体现时尚、选择紫色体现浪漫等。浅色可以使人舒适，深色作背景使人不感觉疲惫。采用标准界面则可少考虑此原则，与操作系统保持一致即可。

对于色盲和色弱用户，在使用特殊颜色来表示重点或者特异事物之外，也可使用"！""？"、着重号和图标等特殊指示符。

配色方案也需要进行测试。通常，由于显示器和显卡的工艺，每台显示器呈现出的色彩都会存在差异，应该对它们进行严格的颜色测试。

遵循对比原则。例如：在浅色背景上使用深色文字，在深色背景上使用浅色文字。在白色背景上能够轻松识别出蓝色文字，而换作红色背景则不易分辨，这是因为红色和蓝色的对比度不足，而蓝色和白色对比度很大。另外，除非在特殊场景中，最好不要使用让人产生眩晕感的强烈对比色，比如大红配大绿。

3. 字体

根据操作系统类型决定字体的标准，并统一字体的使用，例如：中文使用"宋体"为标准字体，而英文使用"Times New Roman"。尽量不要使用特殊字体（隶书、草书等，特殊情况可以使用图片替换），以确保每个用户看到的都是相同的。字号可基于系统的标准字体，例如宋体的小五号字（9 磅）、五号字（10.5 磅）。除了特殊提示信息、加强显示等例外情况外，所有控件尽量使用统一大小的字号。

4. 控件风格，不要使用错误控件，控件功能要专一

如果没有能力设计出一组控件，可使用标准控件；否则可设计统一风格的控件。控件使用原则主要为：

1）请勿错误使用控件。例如：使用普通按钮样式来实现单选按钮的功能。

2）统一类型的控件操作方式应一致。例如：某个控件双击可以执行某些动作，而模样相似的另一个控件，也应该能够响应双击操作。

3）一个控件一个功能。有些程序员为了方便，偏好让相似控件在不同情况下实现不同功能，用户很难在第一时间理解这些内容。例如：界面中使用图标"×"作为"删除"按钮，就不应再让"关闭"按钮使用相同的图标"×"了。

5. 控件布局，窗口不拥挤，按功能组合控件

界面布局尽可能避免拥挤，切忌为节省屏幕空间将控件拥挤摆放，因为拥挤的界面既会给用户带来压抑感，又容易引起误操作。试验结果[27]表明：控件对于屏幕的总体覆盖度不应该超过40%。整个项目应采用统一的控件间距，并调整窗体大小使其尽量一致，即使在窗体大小不变的情况下，宁可多留出空白，也不要破坏控件间距。

如图3-21的两种界面的布局形式，左图将所有控件内容紧密排列，极易造成误点击误操作；采用同类型内容分组的形式，组内控件间距可以保持不变，将分组间距拉大并保持间距一致，会明显增加界面的美观度及可操作性，当屏幕有多个编辑区域，要以视觉效果和效率来组织这些区域。

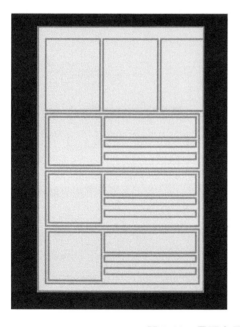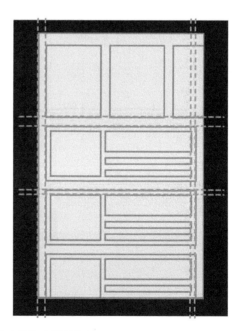

图3-21 界面布局（显然右图较好）

当窗口进行缩放时，为使界面不出现版式混乱的局面，解决方法为：

1）直接固定窗口大小，不允许改变尺寸。

2）当可以改变窗口尺寸时，窗口中控件位置、大小可相应调整以动态适应变化的窗口。

6. 用户交互

重要功能控件应处于可见区域。单击控件的弹出窗口或者菜单，窗口弹出位置要显著，最起码应覆盖刚才点击的位置，以便用户可以轻松跳转到新界面。

执行动作要给出响应。程序开发者应该注意用户的交互体验，用户做了任何操作，都应该给予用户一个视觉或者听觉、触觉的响应，而且这个响应应该明显且及时。例如：当用户有了单击按钮等动作时，弹出交互对话框让用户单击确认。在用户可以听到声音的场景中，也可发出特殊声音来作为辅助响应。

3.4 桌面系统应用交互设计技术

桌面应用程序的交互设计可逐一完成。其中应用程序功能的定义和设计可以通过思维导图来完成，应用界面的设计和具体实施可以通过原型设计工具（见第4章）来完成。

思维导图（Mind Map）又叫心智图，由英国学者 Tony Buzan 发明。通俗的来说，思维导图就是用不同颜色的画笔把我们大脑中的想法画在纸面。它结合了传统的语言智能、数字智能和创造性智能，是一个极为有效地表达发散性思维的图形思维工具。

思维导图由关键词、图形图像、曲线、色彩等要素组成，关键词或图形图像作为节点来描述知识点、思路或功能，并用曲线连接节点来表述关系、逻辑、流程或过程，以不同的色彩加以标注和区分。

在进行软件功能设计时，我们以思维导图进行功能设计是一个很好的方式。图3-22为"摩拜单车" App 功能的思维导图。

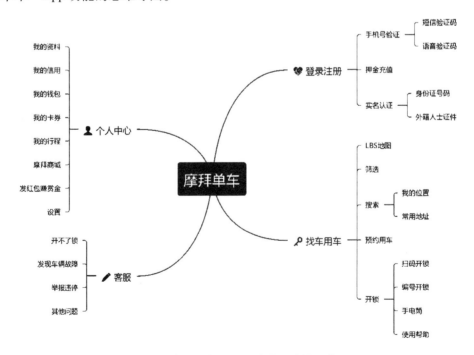

图 3-22　"摩拜单车" App 功能设计的思维导图

我们使用思维导图，是因为它可以帮助我们更好地解决实际问题，例如，帮助我们在以下方面进行交互式应用设计：

1）理清原创思路，使其更加清晰。

2）从多角度分析和考虑问题，遵循大脑思考规则，快速获取想法。

3）使程序的逻辑结构标准化，使功能逻辑更合理，减少重复，没有遗漏。

4）易于发现程序交互设计的漏洞和问题。

5）易于调整功能。

6）让其他人快速了解软件功能设计。

7）更快地描述设计思路。

目前，思维导图作为当今广泛被采用的思维方法，有很多工具可以用来进行辅助绘制。

1. XMind

XMind 是一款易用性很强的软件，通过 XMind 可以随时开展头脑风暴，帮助人们快速理清思路。XMind 绘制的思维导图以结构化的方式来展示具体的内容，人们在用 XMind 绘制图形的时候，可以时刻保持头脑清晰，随时把握计划或任务的全局，它可以帮助人们在学习和工作时提高效率。XMind 为免费的开源软件，在 XMind 中，思维导图能导出至文本、演示文档及数据表。XMind 资源包作为自定义风格、模板、剪贴画及图标的统称，能够将其导出，并分享给他人。这使得团队之间，Windows 和 Mac 设备之间的分享变得更便捷。

2. FreeMind

FreeMind 是一款跨平台的、基于 GPL 协议的自由软件，用 Java 编写，是一个用来绘制思维导图的软件。其生成的文件格式后缀名为 .mm。可用来做笔记、脑图记录、脑力激荡等。

FreeMind 包括了许多让人激动的特性，其中包括：扩展性，快捷的一键展开和关闭节点，快速记录思维，多功能的定义格式和快捷键。不过 FreeMind 无法同时进行多个思维中心点展开（也有人认为这是优点，可以让人们专心于眼前的事），且部分中文输入法无法在 FreeMind 输入，启动及运行速度较慢。

3. MindManager

MindManager 是一个可创造、管理和交流思想的思维导图软件，其可视化的绘图操作有着直观、友好的用户界面和丰富的功能，这将帮助用户有序地组织思维进程、资源进程和项目进程。

MindManager 也是一个易于使用的项目管理软件，能很好提高项目组的工作效率和小组成员之间的协作性。它作为一个组织资源和管理项目的方法，可从脑图的核心分枝派生出各种关联的想法和信息。

4. ProcessOn

ProcessOn 是一个免费在线作图工具的聚合平台，见图 3-23，它可以在线画流程图、思维导图、UI 原型图、UML、网络拓扑图、组织结构图等，用户无须担心下载和更新的问题，不管 Mac 还是 Windows，一个浏览器就可以随时随地的发挥创意，规划工作。

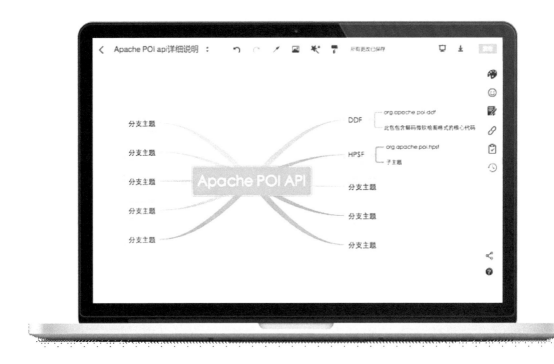

图 3-23　ProcessOn 绘制思维导图

3.5　实验1：思维导图与产品功能设计

3.5.1　实验目的和类型

1. 实验目的

掌握思维导图的原理，熟练操作思维导图工具（如 XMind）。

2. 实验类型

设计性实验。

3.5.2　实验内容

产品设计的第一步，是设计其内在骨架。这部分可以用 XMind 等工具将其用简单的思维导图表达清楚。这样的图并不难画，只要能很好地表达清楚其功能结构，让看文档的人能直观了解每一个功能模块的优先级和逻辑关系即可。通过这样的图，作者本身也能通过现象看本质，了解产品的内在逻辑关系以及功能实质。

在本实验中，学生应分析"摩拜单车"App 的功能和模块，绘制出相应的思维导图来。

1）熟悉交互设计原则和流程。

2）熟悉使用思维导图，把各级主题的关系用相互隶属于相关的层级图表现出来。

3）熟练操作思维导图工具。

说明: 实验内容分为"能""会""熟练操作""熟悉""认知"几个层次。实验要求指学生通过本实验课程的学习,所要达到的知识和能力水平。

3.5.3 实验环境

XMind。

3.5.4 实验步骤

1. 绘制导图

绘制导图的步骤为:

1) 打开思维导图制作工具 XMind,见图 3-24,在工作区的中央单击"新建空白图"按钮,则将在工作区中间出现一个孤立的节点"中心主题",见图 3-25。

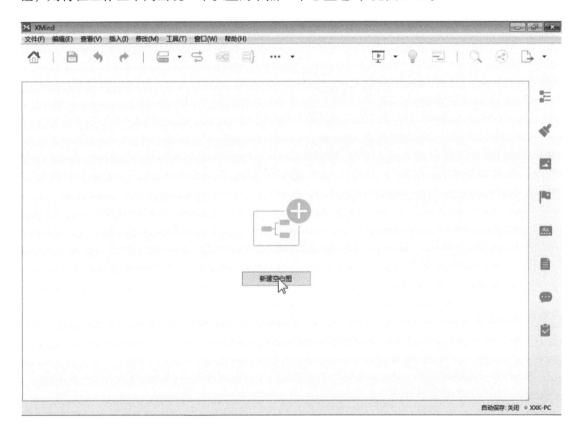

图3-24 思维导图工具 XMind

2) 双击"中心主题"节点,进入文字编辑状态,修改文字为"摩拜单车",并按"回车"键确认。

3) 按 Tab 键,为中心结点添加子节点,并修改其文字为"登录注册",如图 3-26 所示。

图 3-25 "中心主题"节点

图 3-26 添加子节点"登录注册"

4）使用相同的办法，为"登录注册"添加子节点"手机号验证"，再为"手机号验证"添加子节点"短信验证码"，见图 3-27。

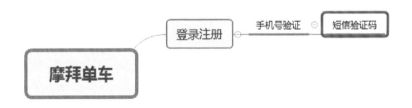

图 3-27 连续添加子节点

5）选中"短信验证码"节点，按"回车"键，为其添加兄弟节点"子主题 2"，见图 3-28，并修改其文字为"语音验证码"。

图 3-28 添加兄弟节点

6) 使用与上述相似的办法，熟练使用"回车"键和 Tab 键，生成所有节点，见图 3-29。

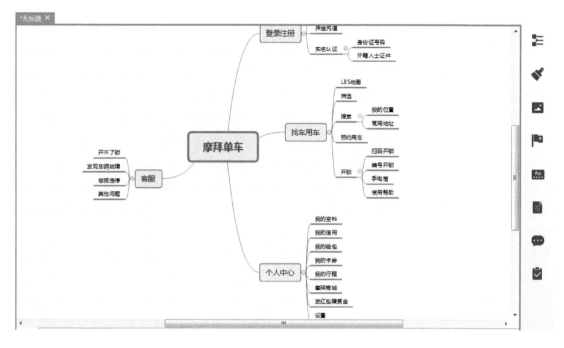

图 3-29　所有节点

7) 当前的思维导图明显左轻右重，为让图形显得平衡，选中"个人中心"节点，见图 3-30，拖放至中心节点的左下方，则"客服"节点将自动排列至中心节点的左上方，而"个人中心"节点则将排列至中心节点的左下方。

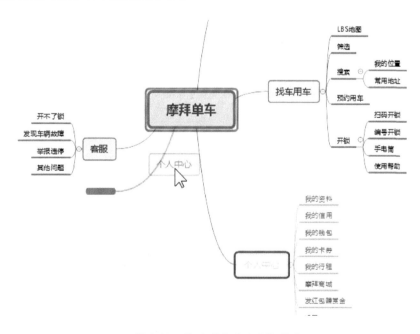

图 3-30　拖动"个人中心"节点

8）单击右侧的"大纲"按钮📑，则将显示"大纲"窗格，在其中以大纲的方式显示导图的内容，见图3-31。在这种模式下修改各节点的内容，对某些需求来说可能会更加方便。

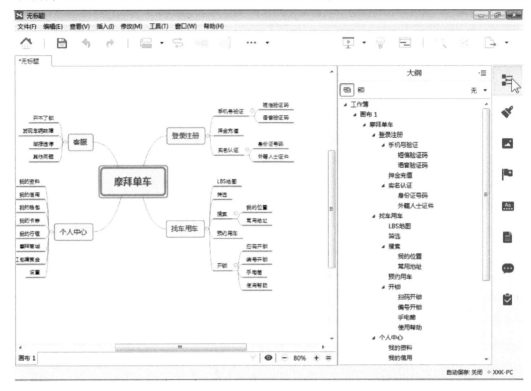

图3-31 "大纲"窗格

2. 格式设置

格式设置的步骤为：

1）单击右侧的"格式"按钮🖌，则将显示"格式"窗格，可在其中设置当前画布的背景色等属性，见图3-32。

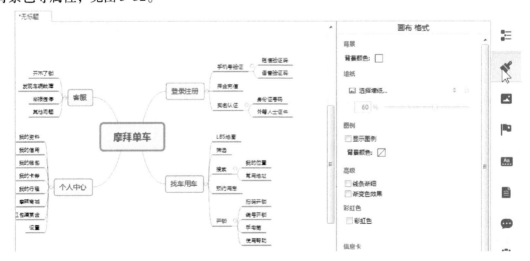

图3-32 "格式"窗格

2）选择中心节点"摩拜单车"，则右侧窗格中显示的是当前节点的属性，见图 3-33，修改此节点外形为"钻石形"。

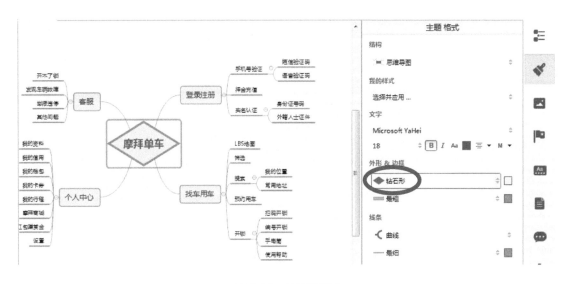

图 3-33　钻石形节点

3）单击右侧的"图片"按钮，则右侧将变为"剪贴画"窗格。不过，这是 Pro 收费版才有的功能，本书就不对其进行介绍了。

4）单击右侧的"图标"按钮，右侧的"图标"窗格中将显示多种图标。选中"登录注册"节点，再在"图标"窗格中单击一个自己喜欢的图标，则"登录注册"节点中将出现对应的图标，见图 3-34。使用相同的办法，给"找车用车"节点、"个人中心"节点和"客服"节点都添加一个图标。

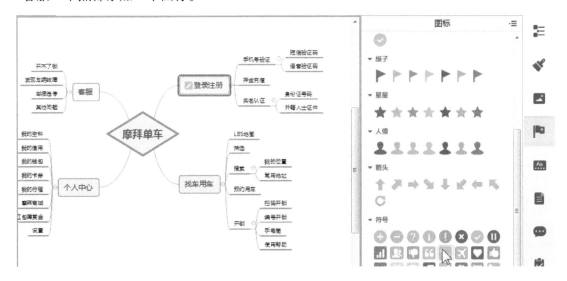

图 3-34　"图标"窗格

注：单击刚才添加到节点中的图标，则可以更换或删除图标。

5）单击右侧的"风格"按钮 ，则右侧的"风格"窗格中显示出多种思维导图的样式风格模版，见图 3-35。

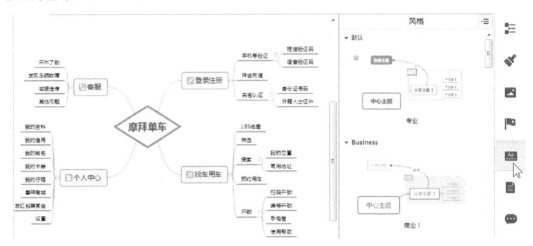

图 3-35 "风格"窗格

6）找到自己喜欢的风格，双击应用该模版。因为之前修改过节点的样式（中心节点变为钻石形），此时会弹出对话框如图 3-36 所示，单击"保留"按钮，则变换风格后的导图如图 3-37 所示。至此，"摩拜单车" App 的思维导图便美化好了。

7）XMind 还有许多细节上的功能，例如圈选"开锁"节点及其子节点，单击工具栏上的"外框"按钮 ，则会为其添加一个外框，如图 3-38 所示。如果不喜欢此种样式的外观，可在右侧的"格式"窗口中修改其外形为其他形状，如图 3-39 所示。

图 3-36 保留自定义样式

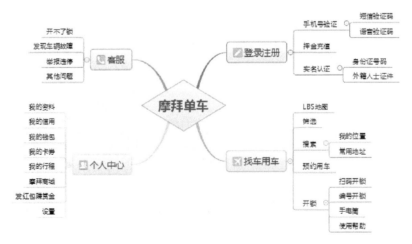

图 3-37 变换风格后的导图

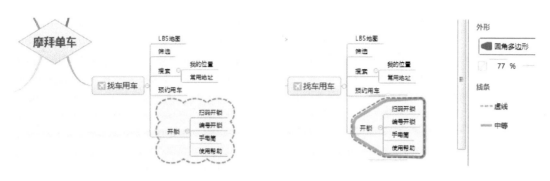

图 3-38　添加外框　　　　　　　　　　　　　图 3-39　"外框"外形

3. 导出及其他

导出及其他的操作步骤为：

1）选择"文件/导出"菜单，则可将当前思维导图文件导出为图片等多种格式，如图 3-40 和图 3-41 所示。

图 3-40　选择导出格式

图 3-41　导出设置

2）还可以将思维导图设置成其他结构。比如选择中心节点，如图 3-42 所示，在右侧"格式"窗格中修改其结构为"鱼骨图"，则导图将变形为如图 3-43 所示。

3.5.5　实验报告要求

1）思维导图的作用相当于一个引子，使人们通过这些内容初步了解这款产品。

2）分析产品要从多个角度进行。分模块来分析功能，好比精确地把骨架拆分成骨头，分别进行分析。

3）总结设计出的功能的特色和不足之处。

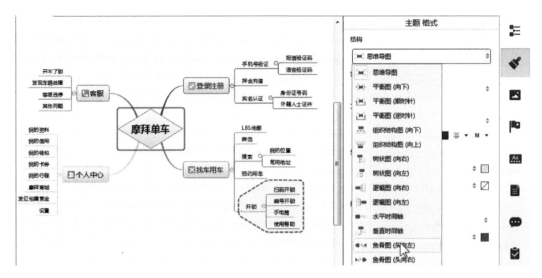

图 3-42　修改结构

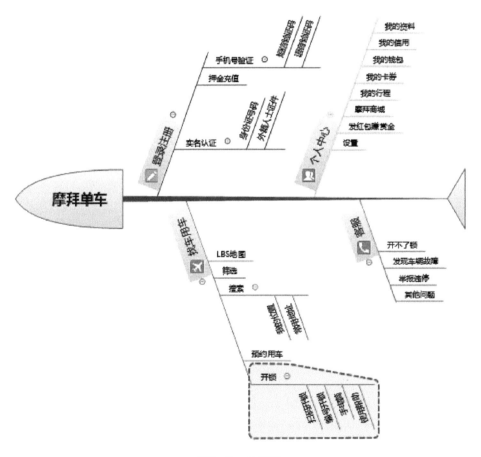

图 3-43　鱼骨图

3.5.6 实验注意事项

1）功能模块拆分合理。

2）思维导图完整、美观。

XMind 的高效也体现在它设置的一些快捷键上，这里列出一些常用的快捷键组合，见表 3-2。

表 3-2　XMind 的常用快捷键

快 捷 键	功 　 能
Tab	新建子节点
Enter	新建同级分支节点
Ctrl + Enter	添加父级主节点
Alt + Enter	添加标注
Ctrl + L	创建连线
F4	创建备注
F3	创建标签
Delete	删除选中项

3.5.7 考核办法和成绩评定

（1）考核办法

学生独立完成实验，提交实验报告、思维导图图片文件和源文件。

（2）成绩评定

项　　目	成 绩 比 例	备　　注
实验报告	80%	结构完整，功能齐全，排版正确
思维导图图片	20%	图片应足够清晰
思维导图源文件	0	缺少源文件扣20%成绩

3.6　习题

1. 调研用户体验最好的互联网产品有哪些，为什么它们给人的体验好？

2. 网站首页常常会放大量的分类信息和导航栏，怎样改进并提升用户体验。

3. 试论述"微信红包"成功背后的交互理念和意义。

4. 简述桌面交互系统设计最主要的要素。

5. 列出至少 3 个生活中用户体验不方便的案例。选择上述 3 个案例之一进行分析并尝试解决。

第 4 章

交互原型设计

4.1 交互设计体系

交互设计是一门交叉学科，从广义的角度上来说，涉及多个学科，包括心理学、设计学、人机工程学等，但是从狭义的角度来说，交互设计的核心知识体系，应该包括需求分析、架构与流程设计、方案设计、方案验证、设计跟踪与其他六方面内容[28]，见图4-1。

需求分析 ▷ 架构与流程设计 ▷ 方案设计 ▷ 方案验证 ▷ 设计跟踪 ▷ 其他

图4-1 交互设计知识体系

4.1.1 需求分析

交互设计工作始于需求分析。需求分析是为了阐明产品的目标定位以及产品想要实现的功能。需求分析有多种方法，包括目标人群分析、竞品分析、现有产品分析等。除了上述的各种分析方法，往往还应进行需求评审。通常，需求评审是指产品经理和交互设计师进行面对面的沟通，交互设计师可以快速地把页面框架以及形式反馈给产品经理，而产品经理也可以确定创意的正确性。产品特色和主要功能，用户群体、使用场景等都可能是需求分析的结果。

4.1.2 架构与流程设计

对产品功能的横向梳理往往采用信息架构法，其中的卡片分类方式可让目标用户对产品的功能进行有效分类，并对类别进行归纳。好的信息架构可以合理地对功能进行分类，使之符合目标用户的心理模型，并帮助用户快速有效地找到目标。

而对产品功能的纵向梳理往往采用流程设计，用户在使用场景下进行有目的的操作，测试功能是否能顺利使用和检查交互界面是否完整，便于检测产品功能的合理性。

4.1.3 方案设计

方案设计即是对上述流程设计与架构设计的视觉化表现，是交互设计师的核心竞争力。但还有一些容易被忽视的地方，比如交互设计文档的规范设计、注释说明、页面响应问题等——这是"有"和"优"的问题。如果不考虑这些事情，交互也能表现出产品的一般功能，但是缺乏视觉表现和设计思路传达。

因此，在完成交互设计的同时，要尽可能地保证质量，提高其视觉的舒适度、准确性和传达效率的高效性。

4.1.4 方案验证

交互设计的验证包括两个方面：

一方面是交互设计者自己的设计检测，即产品的可用性测试。可用性测试是一个较为专业的领域，交互设计者需要掌握适当的方法，常采用 A/B 测试，见图 4-2，用来评估其交互的合理性，以及它们是否解决了产品需求中提出的问题。

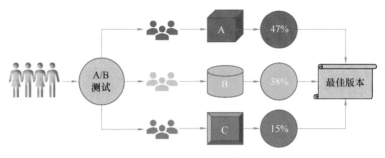

图 4-2 A/B 测试 ⊖

另一方面，是整个团队对交互设计的初稿、中间草案和最终草案的评估，通常以会议的形式进行。参与者包括项目经理、产品经理、交互设计师、视觉设计师、程序员、软件测试师等，以便审查整个产品开发过程，以满足产品需求和开发资源的需求。

4.1.5 设计跟踪

很多设计师会忽视设计跟踪，但无论设计有多好，如果开发实现出了问题，都很可能功亏一篑。设计跟踪是确保交互设计方案贯彻的绝招。设计跟踪有多种形式，但是其基本构成是相同的，包括设计效果和开发效果的比较，描述差异，提出修改、参考样式和替代方案等。

设计跟踪的难点在于把握开发效果与设计效果之间的差异，即如何在时间成本和人力成本等的约束下，实现产品的最优化。

4.1.6 其他

交互设计是一项跨领域的工作，很难用简单的语言来清楚地总结。因此，对交互设计师有着更高的要求，主要包括沟通能力、交互设计时间预估能力、前端开发知识了解等。

交互设计过程中，团队之间的沟通不可避免。良好的沟通可以极大地提高设计效率，协调交互设计师和团队其他成员之间的关系，促进后续工作，让自己在团队中左右逢源。只要能弄清对方想要什么，并表达清楚自己可以提供的技术，沟通就是顺畅和有效的。

交互设计时间预估能力是在需求与设计方案充分知情的情况下，对交互稿进度的把控。好的时间预估能力，既能满足团队的开发时间需求，也能让自己在低强度的工作压力下完成。

4.2 交互原型设计工具简介

原型设计指对于应用软件交互界面及部分功能的图形化描述，一般在软件功能定义后，

⊖ A/B 测试是为 Web 或 App 界面或流程制作两个（A/B）或多个（A/B/n）版本，在同一时间维度，分别让组成成分相同（相似）的访客群组（目标人群）随机地访问这些版本，收集各群组的用户体验数据和业务数据，最后分析、评估出最好版本，并正式采用。[29]

对软件功能界面进行初步设计，是软件交互界面最终完成的基础。常见原型有图 4-3 所示的几种类型[30]。

图 4-3　原型的分类

在完成软件功能的思维导图之后，设计师经常需要以原型方式呈现这些抽象概念。原型设计为非专业的领导和客户，提供最直观的方式来理解设计师的想法和创意，以及提供有关用户产品信息的最快最准确的反馈。创建用户界面原型的主要目的是在实际设计与开发之前揭示系统的功能与可用性，因此对于设计师和开发者而言，原型是测试产品的一个很好的工具。

通过内容和结构展示的原型设计，以及粗略的布局，可以解释用户将如何与产品交互，反映开发人员及交互界面设计师的想法，反映用户期望看到的内容，反映内容的相对优先级等。图 4-4 为天猫国际的网页首页的部分设计原型。

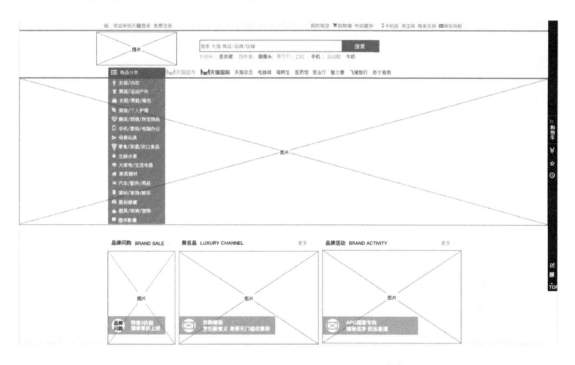

图 4-4　天猫国际网页首页部分设计原型[31]

原型设计在整个产品流程中处于最重要的位置，有着承上启下的作用[32]。一款优秀的产品原型设计工具应该具备如下五点[33]：

1）丰富的组件库（高效复用，效率越来越高）。

2）可以快速生成全局流程（方便与程序员沟通产品逻辑）。

3）支持移动端演示（随时随地演示给同事和客户）。

4）在线协作（多人一起用）设计。

5）手势操作、转场动画、交互特效等。

下面简单罗列一下目前国内用得比较多的原型工具。

1. Axure RP

Axure RP 是一款专业的快速原型设计工具，见图 4-5，设计者可以用它快速创建应用软件或 Web 线框图、流程图、原型和规格说明文档。作为一款专业的设计工具，它能快速、高效地创建原型。但由于其功能过于丰富，对于初学者来说，需要投入较多的学习精力来掌握。

Axure RP 能够较好地支持交互设计，并可生成规格说明文档和输出 HTML 原型。Axure RP 还能够较好地实施版本控制管理，支持多人协作设计和支持动态面板和复用模板。Axure RP 会非常适合专业的交互系统设计者。

图 4-5　Axure RP 原型设计工具

软件官网：http://www.axure.com

2. Sketch

Sketch 是一款为视觉设计师打造的专业矢量图形处理应用，见图 4-6，曾荣获 Apple 公司 ADA 设计奖[⊖]。该软件页面清爽、简洁，功能多样而强大，完美支持布尔运算、符号和

⊖　Apple Design Awards 是美国苹果公司在每年 WWDC 期间颁发的设计奖项，旨在表彰每年在 iOS、macOS、watchOS、tvOS 等苹果平台上在设计、技术和创新方面有杰出表现的软件、硬件开发者。该奖项设立于 1996 年，前两届名为"人机交互杰出设计奖"，自 1998 年起改为"苹果设计奖（ADA）"并沿用至今。

强大的标尺，可以帮助设计师快速地进行 UI 设计工作。Sketch 自带超过 2000 套模板，其中包括网页、iOS、线框图、原型等项目的现成模板。可惜到目前为止，Sketch 只支持 Mac 平台，Windows 下的用户只能望而兴叹了。

图 4-6 Sketch

软件官网：https://www.sketchapp.com

3. 墨刀（MockingBot）

墨刀是一款在线原型设计工具，见图 4-7。借助于墨刀，创业者、产品经理及 UI/UX 设计师能够快速构建移动应用产品原型，并向他人演示。墨刀主要专注于移动应用的原型设计，它把全部功能都进行了模块化，用户也能选择页面切换特效及主题，操作方式也相对简便，大部分操作都可通过拖拽来完成。

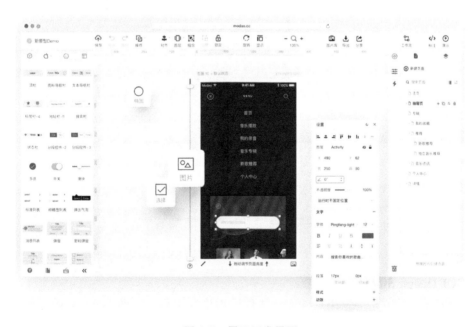

图 4-7 墨刀开发界面

墨刀支持创建 iPhone/iPad、Android、平板和 PC 等各平台设备的原型，也可以自定义设备尺寸，提供一个便捷、真实又自由的创作环境。墨刀提供 iOS、Android 等平台的常用组件及大量精美图标，原型搭建就像堆积木一样轻松。同时也可以自定义自己的个性化组件，方便项目之间自由切换、使用。通过二维码、链接分享，可以在网页、移动端快速查看产品 Demo 的演示效果。另外，墨刀还实现了云端保存、手机实时预览、在线评论等功能。

软件官网：https://modao.cc

4. 摹客（Mockplus）

Mockplus 是一款更快更简单的免费原型设计工具，产品设计师几分钟即可掌握并开始创建交互原型。快速原型设计、精细团队管理、高效协作设计、轻松多终端演示是 Mockplus 的主要特点。

Mockplus 支持桌面软件、Web 应用和移动应用等原型设计，实现应用原型的快速交互设计及演示服务，见图 4-8。

软件官网：https://www.mockplus.cn

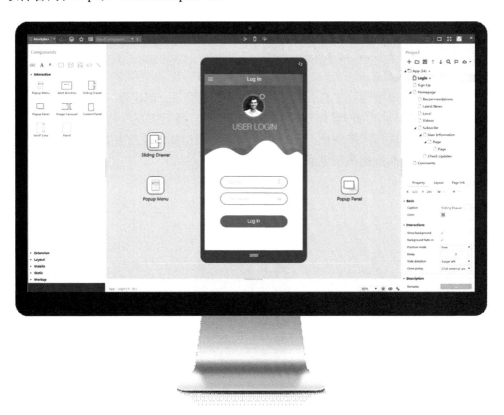

图 4-8　Mockplus

5. GUI Design Studio

GUI Design Studio 是一款用户界面及软件原型设计工具，见图 4-9，它适用于 Web、桌面、移动和嵌入式软件应用程序设计，它擅长设计基于微软 Windows 平台的软件原型。其快速、易于使用以及无须任何编码的优点，使其成为软件设计师、用户体验专家、业务分析师、开发人员、项目经理和咨询专家的首选原型设计工具。

图 4-9　GUI Design Studio

软件官网：https://www.carettasoftware.com

4.3　实验 2：手机 App 原型开发设计

4.3.1　实验目的和类型

1. 实验目的

熟悉交互设计的原则，熟练使用墨刀设计手机 App 原型。

2. 实验类型

设计性实验。

4.3.2　实验内容

> ⊙ 说明：实验内容分为"能""会""熟练操作""熟悉""认知"几个层次。实验要求指学生通过本实验课程的学习，要达到的知识和能力水平。

墨刀 MockingBot 是一款在线原型设计与协同工具。墨刀致力于简化产品制作和设计流程，采用简便的拖拽连线操作，让用户仅需十分钟就可以设计一个 App。同时，作为一款在线原型设计软件，墨刀支持云端保存，实时预览，一键分享，及多人协作功能，让产品团队快速高效地完成产品原型和交互设计。

使用墨刀，用户可以快速制作出可直接在手机运行的接近真实 App 交互的高保真原型，使创意得到更直观的呈现。不管是向客户收集产品反馈，向投资人进行 demo 展示，或是在团队内部协作沟通、文件管理，墨刀都可以大幅提升工作效率，打破沟通壁垒，降低项目风险。

1）熟悉交互设计的原则。

2）熟练操作墨刀去设计手机 App 原型。

4.3.3 实验环境

1）墨刀（https://modao.cc）。

2）Chrome 浏览器。

4.3.4 实验步骤

1. 制作 App 原型

（1）创建项目

1）登录墨刀之后，进入"我的项目"，如图 4-10 在右上角单击"创建项目"按钮，创新一个新项目，在如图 4-11 所示选择项目平台为"Android"。

图 4-10 创建项目

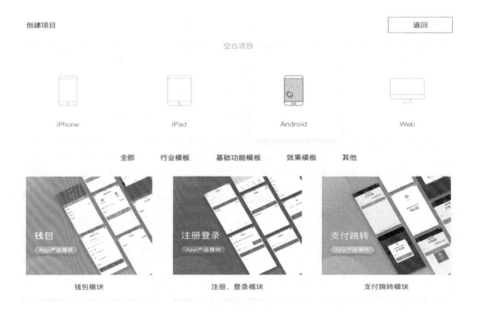

图 4-11 选择项目平台

注：也可以在下方选择现成的模板来创建项目。

2）在弹出的"创建项目"页面中输入项目名称，比如叫"摩拜单车"，并选择一个自己喜欢的 Android 设备，比如"Xiaomi 6（360×640）"，见图 4-12。

图 4-12 选择设备类型

3）分别上传提前准备好的"图标"和"启动界面"的 png 图片，这里需要注意图标图片和启动图片的尺寸。上传成功后单击右下角的"创建"按钮，则将完成项目的创建，自动进入项目工作界面，见图 4-13。

图 4-13 默认工作界面

墨刀的工作区主要由 5 部分组成，分别是：

① 顶部工具栏：工具栏上的按钮可以协助完成页面布局、画布调整等操作。

② 控件区：包含基础组件库、平台组件库、图标库、母版，无论是内置还是自定义组件都可以在控件区查找。

③ 列表区：包含页面列表及元素列表，可以在此区域创建产品的页面结构，选中页面元素。

④ 面板区：面板区包含三个面板，状态设置面板、控件属性设置面板、交互链接设置面板。

⑤ 页面设计器：主要的设计区域。在预览模式下设计器内的所有组件布局均可以显示出来。

（2）制作未登录页

1）在右侧页面列表中修改页面名称为"未登录"，见图 4-14。

2）在左侧控件区选择"图标"😊选项卡，找

图 4-14　修改页面名称

到👤图标和💬图标分别拖放到"手机屏幕"的左上角和右上角；再从"组件"📦工具箱中找到"地图"控件，拖放到"手机屏幕"中间，使其布满"手机屏幕"，见图 4-15。

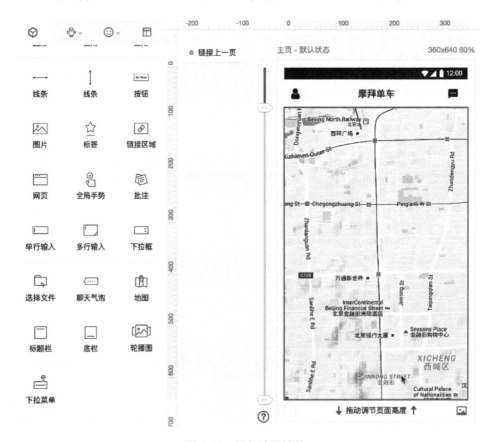

图 4-15　添加地图控件

3）在"控件"界面选择"按钮"控件拖放到"手机屏幕"底部中央，双击设置其文字为"扫码开锁"，将字号放大，设置为白色，并设置背景为黑色；增加其"圆角"属性，使得按钮呈圆角矩形模样；并在按钮中添加一个[o]图标并设置图标色为红色，见图4-16。

图4-16 添加"扫码开锁"按钮

注：选择卡中的☺是可以下拉的，[o]图标在其中的"Material Design"类目下，见图4-17。

图4-17 图标素材库

4）不同品牌型号的手机屏幕的高度可能会不同，在底部的"扫码开锁"按钮在有些手机上可能会因超出屏幕尺寸而不能显示。为解决此问题，可设置此按钮"相对底部固定"，见图4-18，从而适配不同分辨率的移动设备。

5）使用"组件"工具箱中的圆形组件和图标库中的图标配合，见图4-19，在"扫码开锁"按钮右侧和右上侧添加🔋、◉和🅱这三组图形，同样设置它们"相对底部固定"。

6）图4-20在"地图"顶部添加矩形组件，设置背景色为红色，不透明度50%；在其中添加多行文本，内容为"您尚未完成手机验证，请先进行手机验证"，文本颜色为白色，并在右端添加"登录"按钮，见图4-20。

图 4-18　相对底部固定

图 4-19　定位等图标

7）在地图中央添加图片组件，并在其"外观设置"框中单击"上传"，见图 4-21，选择并上传素材"位置.png" ⊙，复制多份此组件，再添加一个图片组件并上传素材"图钉.png"，如图 4-22 所示摆放它们的位置。

8）选中"登录"按钮，其右端出现一个 ⚡ 手柄，按住此手柄拖向"页面2"，见图 4-23，则在运行状态下单击"登录"按钮时，将会自动切换到页面2；此时弹出"链接设置"框，如图 4-24 所示设置切换动画为"右移入"。

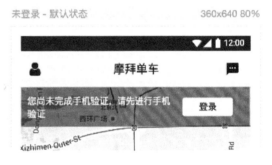

图 4-20　添加未登录提示

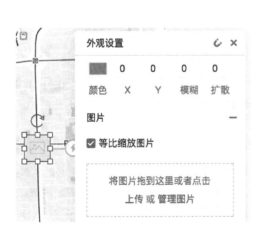

图 4-21　上传图片

图 4-22　图钉等

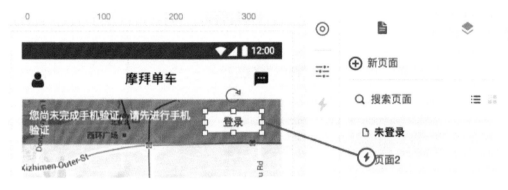

图4-23　添加页面链接

图4-24　页面切换动画

9）使用相同的办法，将左上角的👤图标、右上角的💬图示和底部的"扫码开锁"按钮添加到页面2的链接，并同样设置切换动画为"右移入"。单击右上角"运行"按钮⊙，可以预览当前原型的运行效果，见图4-25。

（3）制作登录/注册页

1）将"页面2"的名称修改为"登录和注册"，使用上述类似操作，使用图标、文字组件、按钮组件、单行输入组件、线条组件和图片组件，完成UI制作，见图4-26。

2）为使登录页更加逼真，希望在填写了手机号码之后，让"获取验证码"按钮变得"可用"。在右上方单击"状态设置"按钮◉，添加一个新状态"状态2"，见图4-27，在手机号码对应的单行输入组件中随便填写一个手机号码，并设置"获取验证码"的背景色为红色。

🎯 说明：同一页面内、不同状态下的组件数量是固定的、一致的，增删组件会对全部状态产生影响；页面内新建状态与当前所选状态的页面布局一致；但各状态间组件位置或外观的修改都是独立的。

图 4-25　预览原型

3）选中单行文字组件"请输入手机号码"，让其链接至本页的"状态 2"，见图 4-28。

4）添加新状态"状态 3"，在此状态下填入验证码后的数字，并设置"确定"按钮的背景色为红色，见图 4-29；返回"状态 2"，为"获取验证码"按钮添加链接至"状态 3"。

（4）制作首页

在右侧的页面列表中，如图 4-30 所示在"未登录"后单击 □ 按钮复制出一个新的页面，并命名为"首页"。由于在"摩拜单车"App 中登录后与登录前的页面非常相近，只需要删除"屏幕"顶部的未登录提示信息即可，见图 4-31。

注：后续需要将左上角的 👤 图标、右上角的 💬 图标和底部的"扫码开锁"按钮分别到链接"个人中心""消息页"和"扫码开锁"等页面（这些页面将在后面的步骤中创建）。

（5）制作个人中心

1）在右侧页面列表中单击"新页面"按钮，添加新页面并命名为"个人中心"，按上述类似操作，使用图标、文字组件、单行输入组件、线条组件和图片组件等，完成 UI 制作，见图 4-32。

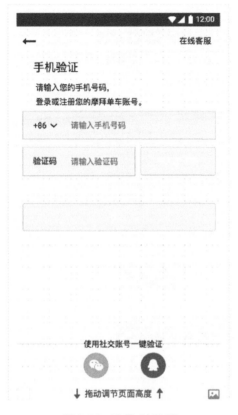

图 4-26 登录/注册页

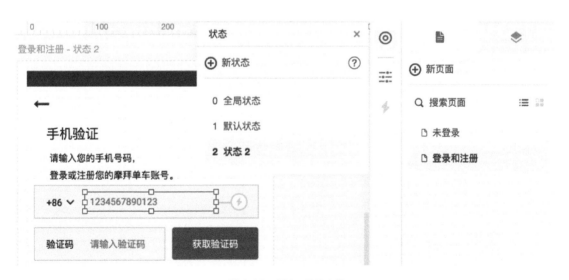

图 4-27 添加"状态"

2）切回"首页"，选中左上角的 👤 图标，为其添加链接到"个人中心"页面，如图 4-33 所示设置其切换效果是"左抽屉"。

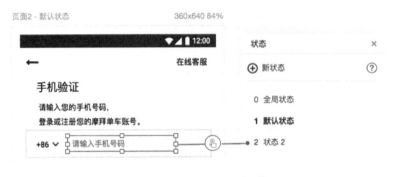

图 4-28　链接至"状态 2"

图 4-29　状态 3　　　　　　　　　　　图 4-30　复制页面

图 4-31　首页设计

图 4-32　个人中心

3）单击右上角的"运行"按钮，观看原型效果。当单击![icon]图标后，发现"个人中心"里的内容只展示出一半，见图 4-34。退出预览模式，将本页中的内容向右移动一段距离，直至在预览模式中观看正常为止。

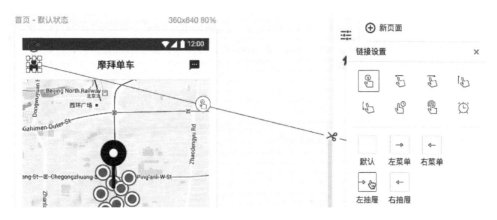

图 4-33　首页链接个人中心页

图 4-34　抽屉效果

（6）制作我的消息页

1）添加新页面，重命名为"我的消息"，在顶部添加一个矩形组件并双击，在矩形中添加文字"我的消息"，再在左端添加一个←图标，这样顶栏就制作好了。由于本页的内容将会超长，向下拖动"屏幕"左上方的顶栏固定滑块至顶栏的下边沿，见图4-35。

注：设计器左侧有两个滑块，分别掌管顶栏及底栏的固定高度。将上滑块拖至

图 4-35　调整顶栏固定滑块

顶栏底边处，即可实现内容区随意上下滚动而顶栏固定不动的效果。

2）在顶栏下方添加图片组件，上传素材为"我的消息.png"并显示在其中，见图 4-36。这是与屏幕同宽但超长的图片，远远超出了屏幕的长度，可拖动页面底部调整页高，使之与图片素材匹配，见图 4-37。

图 4-36　我的消息

图 4-37　调整页面高度

> 说明：如果页面内容超过了当前屏幕的默认高度，只需要像本例这样对屏幕高度进行扩展，就可以在预览模式下通过上下滚屏来查看超出屏幕部分的内容了。

3）回到"首页"，选中 ··· 图标，添加链接到"我的消息"页面，见图 4-38，在"链接设置"中应选择"右移入"动画效果，在运行状态下，"我的消息"页将从右边移入并覆盖在首页上。

4）如图 4-39 回到"我的消息"页，选中"手机"左上角的 ← 图标链接工作区左上方的"链接上一页"按钮，并在"链接设置"中应选择"左移入"动画效果。

注：如果一个页面有多个入口（即有可能从多个不同的页面切到到本页面），这时可像本例这样链接上一页，这样，当用户单击这个链接时会自动跳转到上一级的来源页面。

（7）制作扫码开锁页

1）添加新页面重命名为"扫码开锁"。在页面中添加图片组件并上传素材"扫码.jpg"，此图片是一张摩拜单车二维码的照片。再在其上添加一个图片组件，其中使用图片素材"扫码.gif"，这张动图中空，有一根红线上下扫动，模仿扫码的动态效果，

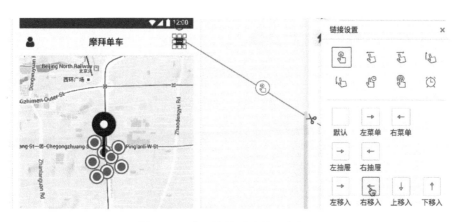

图4-38 首页链接"我的消息"页

图4-39 返回上一页

见图4-40。

2）调整上方图片的透明度为50%，使其看上去更像真实的扫码状况，见图4-41。

3）在页面底部添加矩形组件、圆形组件和图标，制作UI如图4-42所示，并设置它们"相对底部固定"。

4）在页面左上角添加✖图标作为返回按钮，为其添加链接到"链接上一页"，并设置为"下弹出"效果；再返回"首页"页面，为底部的"扫码开锁"按钮添加链接到"扫码开锁"页，并设置"下弹入"效果。

到此，整个原型制作就算完成了。单击右上角"运行"按钮，预览一下效果，如果发现不够方便应及时修改。

2. 制作工作流

工作流是原型的页面流程图，在工作流中，可以根据已有的原型文件，创建页面流程图或交互图，来更详尽地展示产品逻辑、流程或结构。

图 4-40　添加动图

图 4-41　调整动图透明度

1）完成原型制作后，返回"我的项目"界面，将鼠标移动到"摩拜单车"项目上，弹出两栏选项如图 4-43 所示，单击"编辑工作流"按钮，进入"工作流编辑"界面，见图 4-44。本例不打算演示"批量导入"，单击右上角按钮将其对话框关闭。

图 4-42　扫码开锁页底部

GBOT　EN　　　　　　　　　△ 我的项目　　♔ 我的团队　　▭ 讨论区

全部项目 ▼　　　　　　　　　　　　　　　Q 搜索　　⊫ 最后修改在前　　＋ 创建项目

	△ 1		△ 1		△ 1

编辑项目

编辑工作流

⚙　＜　▷　┋

微信

大约 16 小时之前

7 页面 • Android

亲戚称呼便捷查询

10 月之前

6 页面 • iPhone 6/7/8

图 4-43　编辑工作流

图 4-44　"工作流编辑"界面

2）将左侧工具箱中的"页面"工具 拖入，则将会在工作区中呈现一个灰色的矩形区域。如图 4-45 所示，在其右侧"选择页面"框中选择"未登录"，稍候片刻，则将在该区域内加载并显示"未登录"页，见图 4-46。

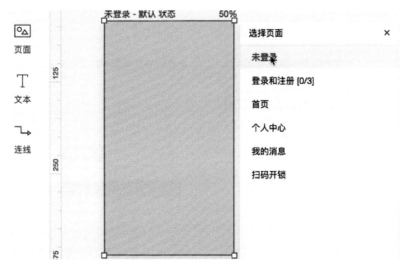

图 4-45　添加工作流页面

3）使用相同的办法，再添加一个页面到其右侧，并选择"登录和注册"。但该页面存在 3 种状态，则又要求选择一个呈现状态，这里选择颜色比较鲜明的"状态 3"，见图 4-47。

4）从左侧工具箱中将"连线"工具 拖入工作区，调整其位置和形状，使其起点放在"未登录"页的"登录"按钮，终点放在"登录和注册"页的左边缘中部，见图 4-48，

图 4-46　加载页面

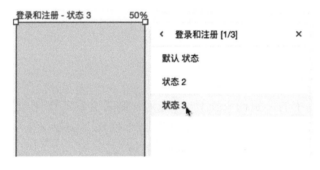

图 4-47　加载页状态选择

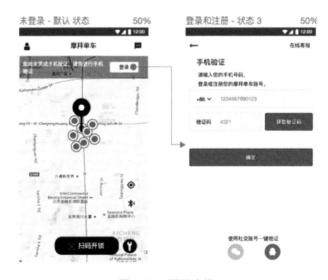

图 4-48　页面连线

连接线表示各页面相互之间的关系。

　　5）使用相似的办法，逐一将各个页面添加进工作区，将根据逻辑关系添加连线，最终效果见图 4-49。

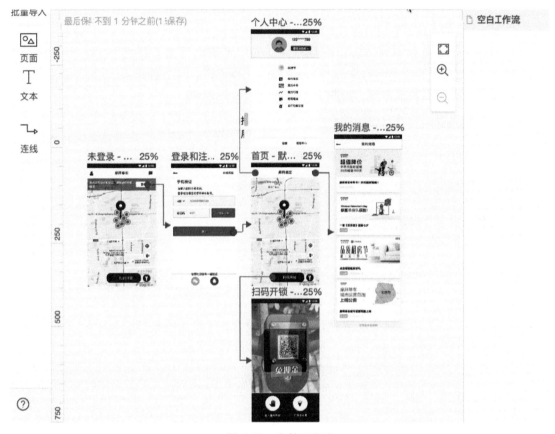

图 4-49 完整工作流

6）可单击窗口右上角的"下载"按钮，则可以下载当前工作流的 png 大图。但如果使用的是墨刀客户端，则可以下载的类型会多出许多，见图 4-50。

图 4-50 导出工作流图

4.3.5　实验报告要求

1）实验报告应包含下列内容：产品概述、使用者需求（需求描述和需求汇总说明）、产品说明（功能摘要和产品结构图）、产品原型及工作流图、特色和难点。

2）提交电子版实验报告时，请附上导出的 HTML 压缩包。

3）在报告里提供原型的浏览网址及对应二维码，并保证在线原型在一个月内可以正常访问。

4）思考 APP 和 PC 端程序设计的异同。

4.3.6　实验注意事项

1）注意手机交互设计的原则。
2）小组成员分工合理。

4.3.7　考核办法和成绩评定

（1）考核办法
学生以 2～3 人为小团队完成实验，提交实验报告、工作流图片和原型浏览二维码。
（2）成绩评定

项　　目	成绩比例	备　　注
实验报告	40%	结构完整，功能齐全，排版正确，在报告中注明分工及工作量所占比例
工作流图片	10%	图片应足够清晰，工作流合理
原型浏览二维码	50%	原型应至少一个月内可以被手机访问，原型应美观、用户体验良好

4.4　习题

1. 画出从淘宝买东西的一个流程图，描述从将货物添加到购物车到确认订单中间的尽可能多的流程和反馈。

2. 画邮件发送流程图。在发送邮件过程中，若邮件小于 20MB，从正常邮件界面发送；若大于 20MB，进入超大附件界面，此时进行判断，条件一：开通手机邮件功能，条件二：安装手机邮件插件。只有在这两个条件都满足的情况下，才可以成功发送，否则不成功。

3. 某公司为合作客户建立信息列表，大约有 1000 名客户，近五年的记录都在其中。现请设计一个列表页面，用于显示客户信息。请画出原型并写出设计说明。

第 5 章

移动交互设计

5.1 移动设备及交互方式

随着人工智能等相关技术的快速发展，出现了多点触控、手势操作、热感应、挤压刺激等多种形式的感官刺激的应用，特别是随着移动设备的广泛使用，在此载体上的交互创新应用给用户带来了更多、更丰富的体验。

5.1.1 移动设备

移动设备也被称为移动装置（Mobile Device）、手持设备（Handheld Device）等，是一种小型的便携式计算设备，见图5-1。移动设备的主要优势是可以随时随地访问网络获得各种信息，也是目前最为流行的计算设备之一。目前，这类设备应用较为广泛的是智能手机和平板电脑（Pad）等。

图5-1 移动设备

目前移动设备迅猛发展，这是因为它具有以下优点[34]：

1）易于使用 无论何时何地，移动设备用户都可以通过移动终端进行信息交互，而传统PC设备用户几乎被限制在固定位置。从以PC为中心的时代（人必须到有电脑的地方），到现在移动互联网时代（以人为本，有人的地方就有电脑），方便快捷可以说是最明显的变化。

2）方便的网络连接 与通过有线网络访问互联网的传统PC不同，移动设备通过Wi-Fi和移动网络等访问互联网，没有网络线缆的限制，以及不断提高的网络连接速率，使得网络访问更加方便。

3）安全 随着信息处理技术的不断发展，数据安全、加密和身份认证等技术已经相当成熟。今天的大多数移动设备都具备相当大的存储和计算能力，而且丰富的App使得过去在PC上实现的安全、加密技术大多在手机上也可以实现。甚至手机用户可能更为安全可靠，因为 SIM 卡本身已经储存了大量个人信息并且是独一无二的。

4）交互性和低成本　移动设备不仅可以收到信息，还可以发送信息以实现点对点通信。随着技术的成熟，各种移动设备和移动互联网逐渐走向平民化、大众化，价格更加合理。

移动设备（如手机）的使用并非旨在取代电脑终端，而是一种功能的扩展。目前，虽然某些功能尚无法与 PC 媲美，但其灵活性、便利性和及时性，却是 PC 无法比拟的。

5.1.2　交互方式比较

就移动端的交互设计来说，它与 PC 端有着本质的区别。[35]

1. 媒介不同

由于设备不同，屏幕和操作也有所不同。首先是屏幕尺寸，PC 端屏幕大、横向信息量大、纵向层级更深，有足够的空间放置细致完整的导航。用户无论操作层级多深的任务，都可以一键返回，因此不容易迷失位置，并且还可以打开新的页面显示。当然大屏幕也存在缺点，即存在视觉盲区，而移动端屏幕较小，承载的内容必须更加简洁，空间更加宝贵。

其次是操作，移动端是手指操作，而 PC 端主要基于鼠标键盘，这将产生不同的精度。

另外，据调查，85% 的人使用移动端时是单手操作[36]（见图 5-2），所以屏幕上的便利操作区域也十分有限，见图 5-3。

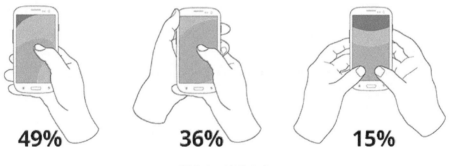

图 5-2　持机方式

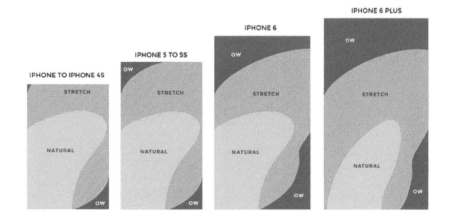

图 5-3　各个型号和尺寸的 **iPhone** 手机在右手持握时的热区图[37]

移动端还可通过手势、推送、触摸屏和各种传感器进行操作，比如录音、拍照、录视频、蓝牙、Wi-Fi、LBS、NFC、GPS、重力感应、Push 推送、定位精度等，这些都是 PC 端不具备的。

2. 使用目的不同

用户在两者的操作目的可能会不一样。例如，企业数据管理系统有两个版本，即移动端和 PC 端，当需要编辑和输出一份表格资料时，我们将转到 PC 端来操作这个复杂的任务。而移动端更多的是一些阅读查看类的轻操作。

3. 使用环境不同

PC 用于相对固定的环境，例如家庭和办公室等，并且网络相对稳定。这适用于需要高度集中的任务，例如图形绘制、技术开发、文本编辑和数据整理等。而移动端的使用环境复杂，用户所处的环境往往不确定，经常需要进行现场调研和观察，并改变设计，以帮助用户避免环境带来的问题。例如，通过调研发现用户经常在一些网络不好或者无Wi-Fi 多场景下使用网络视频 App，这时就需要设置 Wi-Fi 缓冲或预缓存的功能，以适应用户需求。

4. 用户操作方式不同

在用户操作方面，取决于设备的输入方式，移动端和 PC 端应用存在巨大的差别。例如处理支付操作，PC 端可以通过键盘输入密码以完成认证，而移动端就可以设计为指纹识别或人脸识别认证。

5. 目标用户差异

以数据管理系统为例，使用 PC 端操作复杂任务的人可能是系统管理员、人事和财务人员等，而使用移动端轻操作的人可能更多是普通员工。

又例如，在 PC 端使用图像处理软件进行图片处理的人很多是专业设计人员，而用移动端的美图秀秀之类软件的人基本上是对图像处理技术一无所知的普通人。

目标用户不同，行为习惯也大不相同，因此需要在设计中进行衡量。认识到移动端和 PC 端应用的交互差异，人们针对移动设备应用设计了一些独有的交互模式[38]，见图 5-4。

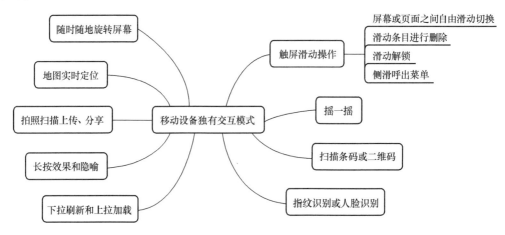

图 5-4 移动设备独有交互模式

5.2 App 界面设计风格

App 设计风格[39]是指 App 通过主要的几种颜色搭配、页面布局和图形设计等给用户呈现出的整体视觉感受。

当一个 App 开始启动设计时，第一步应该是用主要页面定下整个 App 的设计风格，然后根据统一的设计风格来设计、美化其他页面。统一的设计风格可以为用户提供一致的视觉体验，有利于传达产品的整体品牌形象；它还有助于团队制定设计规范，并降低因设计风格不一致而导致的沟通阻力。

以当下手机上流行的 QQ 和微信 App 为例[40]，虽然同样是即时通信社交产品，而且来自同一家公司，但由于产品的定位和目标用户不同，导致设计风格必然存在差异。QQ 的口号是"乐在沟通"，定位是为了娱乐社交，因此设计风格是活泼有趣，甚至个性化；而微信口号是"微信，是一个生活方式"，这种大而全的定位，注定微信设计风格上要显得稳重、成熟和高端化。图 5-5 为 QQ 和微信 App 界面截图。

图 5-5　QQ 和微信 App 界面截图

移动 App 产品的设计首先应该紧跟业界的主流设计风格，当下的主流设计风格是扁平化设计。扁平化设计有明显的几个好处[40]：

1）界面美观、简约大方、条理清晰。

2）设计元素上强调抽象、极简、符号化，去除冗余的装饰效果，突显 App 的文字图片等信息内容。

3）完美兼容 PC、安卓、iOS 等不同系统的平台和不同屏幕分辨率的设备，适应性强。

5.2.1　界面配色

确定了 App 采用扁平化风格后，考验设计师的是界面配色的专业功力了。通常来说，在设计风格方面，色彩占了视觉体验的 80% 以上。因此想要做好设计风格，最重要的是做好界面的配色和分布。另外，色彩是带有情感的，不同的颜色能给用户不同的印象和感受，而不同的人也对颜色有着不同的偏好。所以在为 App 设计颜色时，需要考虑不同用户的偏好，并体会配色给用户带来的视觉体验。

在图 5-6 中，可看到男女都喜欢蓝色、绿色和红色，这里也是微信和 QQ 分别使用绿色和蓝色作为 App 重要配色的原因之一。男女都讨厌橙色、褐色和黄色，不同的是男喜好黑色，女喜好紫色；男讨厌紫色，女讨厌灰色。

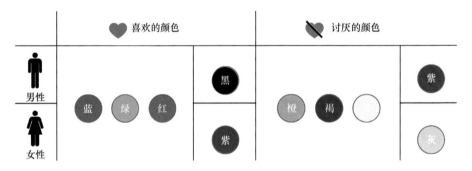

图 5-6　客户网站分析公司 KISSmetrics 的调查报告汇总[41]

美国流行色彩研究中心的一项调查表明，人们在挑选商品的时候存在一个"7s 定律"：面对琳琅满目的商品，人们只需 7s 就可以确定对这些商品是否感兴趣。在这短暂而关键的 7s 内，色彩的作用占到 67%！

设计风格是设计的第一步，定好了设计风格，后续的设计工作才可以继续进行。产品经理和设计师往往愿意在此阶段花费更多时间和精力，以确保设计风格与用户群体的喜好匹配，符合产品定位以及给用户传递产品的正面良好形象。

5.2.2　字体的选择

移动设备上的字体选择通常有着固定的设计方法，表 5-1 列出了 App 中的主流字体。

App 内的文字大小设置，与所在页面、所在层级、所表达内容属性密切相关，见表 5-2。因为 App 本身层级、结构、属性很复杂，所以字体大小的设置通常需要设计师积累长期设计经验后，再不断磨练，才能最终使得 App 页面中的字体清晰、统一、美观。

表 5-1　App 的主流字体

手 机 平 台		字　　体	备　　注
苹果 iOS 9	中文	苹方黑	主流做法
	英文	System San Francisco	
苹果 iOS 7	中文	黑体简	主流做法
	英文	Helvetica Neue	
安卓 Material Design	中文	思源黑体或 Noto（叫法不同）	最新规范
	英文	Roboto	
安卓 4.0 以上	中文	方正兰亭黑简体	主流做法
	英文	Roboto	

表 5-2　App 常用文字大小

内　　容	文字大小/px
导航栏标题	32 ~ 36
标题文字	30 ~ 32
内容区域文字	24 ~ 28
辅助性文字	20 ~ 24

5.3　移动应用平台规范

5.3.1　Android 应用设计规范

作为当前主流的移动操作系统之一，Android 系统因其系统开放性、硬件支撑的丰富性、开发便利性及众多开发人员的参与，使其在近几年得到了迅猛的发展。随着数以百万级的应用程序被开发出来，Android 应用程序的开发被总结出了一套行业公认的应用程序设计规范。本节主要描述这些设计规范中关于应用程序界面的部分，掌握这些设计规范能够帮助程序界面设计者设计出令人满意的应用程序。

1. Android 常用单位

ppi（pixels per inch）：是数字影像的解析度，也就是每英寸所拥有的像素数，即像素密度，其计算公式为

$$像素密度 = \frac{\sqrt{长度像素^2 + 宽度像素^2}}{对角线英寸数}$$

dpi（dots per inch）：是指印刷上的计量单位，也就是每英寸上能印刷的网点数，例如 96dpi 的显示器实际显示标准为 96 像素/in。

屏幕尺寸（screen size）：一般是指我们所说的移动设备（如手机）的屏幕尺寸，比如 4in、5.5in 等，都是指对角线的长度，而不是手机的面积。

像素 px（pixels）：是显示屏的显示点阵数。

分辨率（resolution）：是指手机屏幕垂直和水平方向上的像素个数，比如分辨率为：720 ×

1280，是指设备水平方向有 720 个像素点，垂直方向有 1280 个像素点。

pt（point）：一个标准的长度单位，是一个专用的印刷单位："点"，1 点 = 0.376mm = 1.07 英美点 = 0.0148ft = 0.1776in。

sp（scaled- independent pixels）：是缩放无关的抽象像素，常用于 Android 的字体单位。

dp（density- independent pixels）：是指设备的独立像素，不同的设备有不同的显示效果，它与设备硬件有关系。

sp 和 dp 基本一样，是 Android 开发里特有的单位，都是为了保证文字在不同密度的显示屏上显示相同的效果，一般情况下可认为 sp = dp。例如：textSize = "20sp"、layout_width = "20dp"，分别定义了文字大小和控件的宽度，虽然单位不同，但一般情况下大小是一样的。

2. 单位换算关系

Android 开发中，文字大小的单位是 sp，非文字的尺寸单位用 dp，但是在界面的设计稿标注用的单位是 px。这些单位如何换算，是设计师、开发者需要了解的关键。

dp：以 160ppi（即像素密度为 160）屏幕为标准，则 1dp = 1px。这里以 PPI 代表像素密度，即 PPI = 160ppi。

对于 160ppi 的屏幕，dp 和 px 的换算公式为：1dp = PPI/160ppi = 160ppi/160ppi = 1px。

对于 320ppi 的屏幕，1dp = 320ppi/160ppi = 2px。

sp：它是安卓的字体单位，以 160ppi 屏幕为标准，当字体大小为 100% 时，1sp = 1px。

sp 与 px 的换算公式（以 PPI = 160ppi 为例）：1sp = PPI/160ppi = 1px。

对于 320ppi 的屏幕，1sp = 320ppi/160ppi = 2px。

简单理解的话，px（像素）是界面设计师在绘图时使用的，同时也是手机屏幕上所显示的，dp 是开发写界面布局时使用的尺寸单位。

假设在同一面积里放太阳，1 个太阳图案为 1px，面积就相当于 1dp，所以该面积里能放多少太阳，即 1dp 等于多少 px，这就是单位面积的爱心密度。如图 5-7 中两个区域面积都是 1dp，那么左边的因为密度大，所以像素值单位为（px）就大，右边的因为密度小，所以像素值就小。我们可以把像素值（单位为 px）看成是单位个数，独立像素（单位为 dp）看成是单位面积，所以像素值（个数）/独立像素（面积）= 密度。而密度 = PPI/160，所以像素值/独立像素 = PPI/160。图 5-7b 的 PPI = 640ppi，其像素值为 4px，独立像素为 1dp，因此像素值/独立像素 = PPI/160ppi = 4，即 1 个独立像素中包含 4 个像素值。

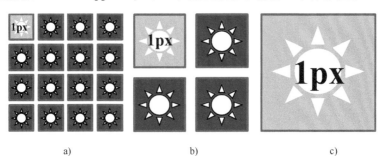

a)　　　　　　　　　　　b)　　　　　　　　　　　c)

图 5-7　dp 和 px

为什么要用 sp 和 dp 代替 px？是因为它们不会因为像素密度的变化而变化，在相同物理尺寸和不同像素密度下，它们呈现的高度大小是相同的，也就是说更接近物理呈现，而 px 则不行。

根据单位换算方法，可总结出公式如表 5-3 所示。

表 5-3　dp 和 px 的换算关系

模 式	换 算 公 式
ldpi 模式	1dp = 0.75px
mdpi 模式	1dp = 1px
hdpi 模式	1dp = 1.5px
xhdpi 模式	1dp = 2px
xxhdpi 模式	1dp = 3px
xxxhdpi 模式	1dp = 4px

基于表中描述：

1）当运行在 mdpi 模式下时，1dp = 1px：也就是说，设计师在 PS 里定义一个 item 高 48px，开发就会定义该 item 高 48dp。

2）当运行在 hdpi 模式下时，1dp = 1.5px：也就是说，设计师在 PS 里定义一个 item 高 72px，开发就会定义该 item 高 48dp。

3）当运行在 xhdpi 模式下时，1dp = 2px：也就是说，设计师在 PS 里定义一个 item 高 96px，开发就会定义该 item 高 48dp。

几种不同 dpi 模式的显示比例对比见图 5-8。Android 的界面设计一般采用主流移动设备屏幕进行设计，例如目前手机的屏幕主流为 1080 × 1920px。

3. Android 界面元素

Android 的 App 界面和 iPhone 的界面基本相同，包含状态栏、标题栏、底部导航和内容区域，见图 5-9。所有的界面元素均有标准的高度定义，这里除非具备较丰富的界面设计经验，否则不建议自定义特殊的高度。

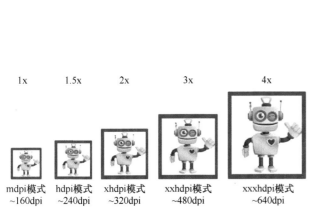

图 5-8　不同 dpi 下的显示效果

图 5-9　界面基本元素功能划分

91

根据前面对于常用单位的划分，我们列出当前主要的界面元素尺寸，见表5-4。

表5-4　Android常用界面尺寸

密度/内容	MDPI	HDPI	XHDPI	XXHDPI	XXXHDPI
分辨率	320×480	480×800	720×1028	1080×1920	1440×2560
屏幕尺寸/in	3.2~3.5	4	4.3~5.5	4.7~6.4	5.5以上
Icon	48×48	72×72	96×96	144×144	192×192
状态栏高度	25px	38px	50px	75px	100px
标题栏高度	48px	72px	96px	144px	192px
底部导航栏	48px	72px	96px	144px	192px
内容区高度	359px	630px	1038px	1557px	2076px

4. Android界面中的图标

界面中图形的实现主要有两种方式：一种是用图片作为背景实现，另一种是用Android中自带的标准图或代码实现。代码的方式比较耗费程序员脑力和代码量，图片则耗费空间，增加App的体积。为了界面的美观，一般推荐使用图片，但是一些简单形状的按钮或者动态的信息展示图可以直接让开发者使用开发工具或程序代码实现。

如图5-10所示的某品牌车辆的互联网车主服务应用程序界面，中间的车辆图标使用图片完成，下方的数据展示由开发人员使用程序代码绘制完成，左上角的扫码按钮可选择图片或由开发人员编写代码完成。

另外，还需注意，应用界面中的图标尺寸与实际图标的有效范围是不同的。例如图5-11所示，为了美观，扫码按钮图标尺寸为32×32，但过小的图标不利于用户点击操作，因此定义了触摸范围为48×48。程序的开发者以此原型可完成程序的设计，并实现较为便利的交互界面开发。

图5-10　界面中的图标举例

5.3.2　iOS应用设计规范

iOS是由苹果公司开发的移动操作系统，其前身为iPhone OS，后期由于多种移动设备形式的涌现（如iPad、iPod touch、Apple TV、iWatch等），于2010年更名为iOS系统。

iOS因其独特的设计风格、智能化的人机操作界面以及iPhone手机的畅销，在全球广受推崇。iOS与其他平台不同，主要是下面三大特点[42]：

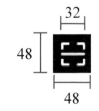

图5-11　图标的有效范围

1）清晰：整个系统中，任何字号的文字都必须清晰易读，图标表达含义准确易懂，修饰恰到好处，以功能驱动设计。留白、颜色、字体、图形和其他界面元素能够巧妙地突出重点内容并传达交互性。

2）顺应：流畅的动画和清晰美观的界面有助于用户理解内容并与之交互，且不会干扰用户。当内容占据整屏时，半透明和模糊处理通常会暗示其他更多的内容。减少使用边框、渐变和阴影，使界面尽可能轻量化，从而突显内容。

3）深度：清晰的视觉层次和生动的动画赋予界面层次感，使其富有活力并有助于理解。当用户浏览内容时，为用户提供纵深感，强调用户的体验愉悦感。

1. iOS 常用单位

iOS 应用界面的尺寸主要以像素（px，pixels）为基本的设计单位。针对最流行的 iPhone 设备来说，尽管最新版本的第 12 代 iPhone 设备已经为 iPhone XS，但相对于前面介绍的 Android 设备来说，设备种类还是非常少的，这就极大地降低了 iOS App 设计者设计的复杂度。表 5-5 列出不同版本 iPhone 设备的基本屏幕尺寸定义。

表 5-5　不同版本 iPhone 设备屏幕尺寸

	iPhone4（S）	iPhone5 /5C/5S/SE	iPhone6 (S)/7/8	iPhone 6 (S)/7/8plus	iPhoneX (S)	iPhoneXR	iPhoneXs Max
分辨率	640×960	640×1136	750×1334	1242×2208	1125×2436	828×1792	1242×2688
屏幕尺寸/in	3.5	4	4.7	5.5	5.8	6.1	6.5

2. 页面元素布局

大多数的 iOS App 使用了来自 UIKit⊖的组件进行搭建，这个组件框架让各种 App 在视觉上达到一致的同时还提供了高度的个性化。

由 UIKit 提供的界面元素大致可以简单地分为栏、视图和控件三类，见图 5-12。

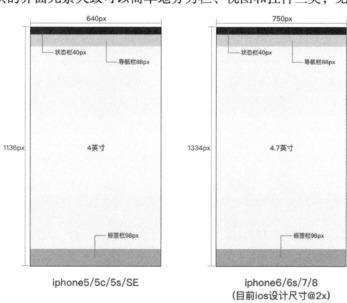

图 5-12　iPhone 界面元素布局

⊖　UIKit 框架是 iPhone 应用程序开发中最基本的框架，也是用得最多、最重要的框架，是界面相关操作组件集合。

图 5-12　iPhone 界面元素布局（续）

栏（Bar）：告知用户在 App 中所处的位置，提供导航，而且还可能包含按钮或者其他用来触发功能和交流信息的元素。

视图（View）：包含用户在 App 内最关注的信息，例如文本、图形、动画和交互元素的容器。视图允许使用诸如滚动、插入、删除和排列之类等交互行为。

控件（Control）：触发功能和传递信息，控件包括标签、按钮、开关、输入框和进度指示器等。

实验3：H5 轻应用交互

早在 2010 年，乔布斯在加利福尼亚州库比蒂诺总部的公司会议上说："没有人愿意使用 Flash，全球已经开始步入 H5 时代。"

H5 是用于取代 1999 年制定的 HTML 4.01 和 XHTML 1.0 标准的 HTML 标准版本，现在仍处于发展阶段，但大部分浏览器已经支持某些 H5 技术。H5 是一种创建网页的方式，能让手机页面看上去更加炫酷和丰富，功能更多样。强大的 H5 技术可以使很多只能在 App 中实现的功能直接在网页中实现，简单来说，H5 技术就是移动端的 Web 页面，能够在移动端做出 Flash 做不出的动画效果[43]。图 5-13 为 H5 发展历程。

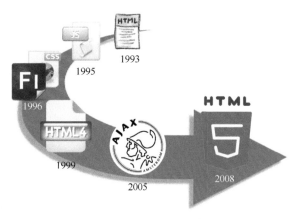

图 5-13　H5 发展历程

基于 H5 网页的应用就是轻应用。轻应用，英文名 Light App，其无须下载，即搜即用，与原生应用相比，轻应用拥有得天独厚的优势。轻应用以 H5 技术为基础，最早火爆朋友圈的 H5 轻应用是"围住神经猫"，上线 3 天参与的用户就达到了 500 万，访问量更是创造了 1 亿的神话。目前不断涌现辅助制作 H5 轻应用的工具，这里以其中一个典型的工具"人人秀"为例，实现一个简单的 H5 轻应用程序。

"人人秀"是专业 H5 交互应用在线制作平台，使用"人人秀"能够快速上手制作 H5 交互程序。截止到目前，人人秀拥有 300 万企业用户，包括阿里巴巴、腾讯、滴滴出行、爱奇艺、华谊、光线、万达等。本实验拟制作一个 H5 报名程序，具体预览可用微信扫描右方二维码观看效果。

5.4.1　实验目的和类型

1. 实验目的
熟悉移动应用设计的基本规范，熟练使用"人人秀"设计 H5 轻应用交互程序。
2. 实验类型
设计性实验。

5.4.2　实验内容

"人人秀"是一款在线进行 H5 轻应用设计的制作工具，它致力于简化 H5 轻应用的制作和设计流程，采用简便的拖拽及编辑操作，让用户不必掌握复杂的代码编写方法，即可完成大多数的 H5 轻应用开发。同时，作为一款在线 H5 轻应用设计平台，"人人秀"支持实时预览、在线保存及一键发布等功能，让开发者快速高效地完成产品 H5 轻应用设计的整个流程。

目前，已有大量的已知产品使用"人人秀"作为工具进行开发。开发者利用"人人秀"提供的各种模板，可以快速制作出各种 H5 应用，降低了开发的成本、减少了开发的周期和提高了工作效率。

> 🎯 **说明**：实验内容分为"能""会""熟练操作""熟悉""认知"几个层次。实验要求指学生通过本实验课程的学习，所要达到的知识和能力水平。

1）熟悉 H5 轻应用的基本设计原理。

2）熟练操作"人人秀"在线设计工具设计基本的 H5 交互应用程序，设计"机器人设计大赛"的宣传页。

5.4.3　实验环境

1）人人秀（https://www.rrxiu.net/）。

2）Chrome 浏览器。

5.4.4　实验步骤

1. 登录创建项目页面

首先注册并登录"人人秀"，在页面右上方选择进入"个人中心"，进入"个人中心"页面后在"我的活动"栏下选择"创建活动"功能，便可创建新的活动页面，见图 5-14。

图 5-14　创建新的活动页面

单击创建活动页面后，在弹窗选择模板，我们可以直接选择空白模板，因为模板在编辑页面也可以随时添加，见图 5-15。

选择模板后，便进入"人人秀"页面编辑页。"人人秀"编辑界面比较简单明了，最上方为快捷功能键，实现一些常用的快捷功能，如预览、回退、放大和缩小等；界面左侧为页面及弹窗的预览图，可实时显示多个界面的缩略图；界面中间为页面编辑区，主要的页面绘制工作都在这里完成；界面右侧为功能窗，可实现模板套用、背景更换、添加选择图片、添

图 5-15 选择模板

加编辑文字、添加基本的功能控件（"人人秀"叫作"表单"）以及添加一些常用的互动控件等功能。人人秀的编辑界面见图 5-16。

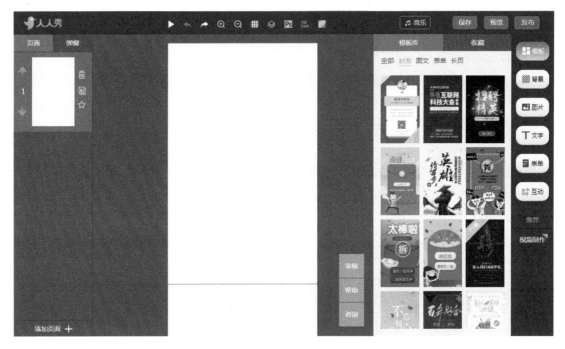

图 5-16 人人秀编辑界面

2. 页面制作

接下来，进入正式的页面制作。我们先制作一个首页，进行本次机器人设计大赛的相关介绍。如图 5-17 所示，先对背景进行美化，选择右侧的"背景"菜单，使用一个纯色或渐变的背景色作为页面的背景。

接下来，进行文字编辑。选择右侧功能菜单的"文字"即可在页面中添加文字，移动

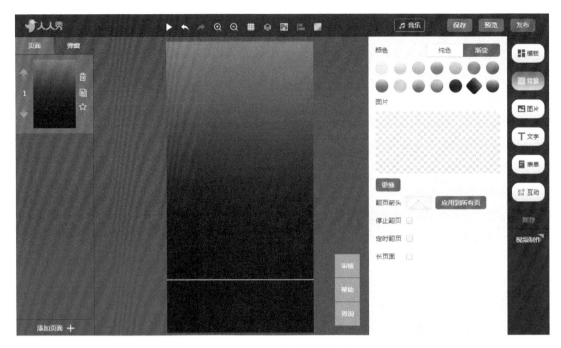

图 5-17　添加背景

边框并输入文字，然后设置字体、颜色、对其方式等，将文字设置成如图 5-18 所示的样式。

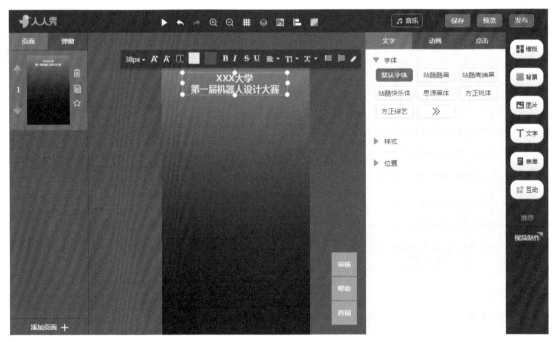

图 5-18　添加文字

　　然后，添加一个图片用来增加美观程度。在右侧菜单中选择"图片"，选择一个系统免费提供的图片，单击图片后，图片将会自动添加到页面上，见图 5-19。

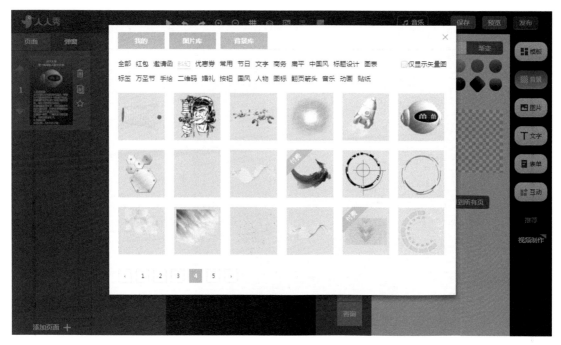

图 5-19　添加图片

添加图片后，可以用鼠标对图片的大小及位置进行拖拽，以美化页面，见图5-20。

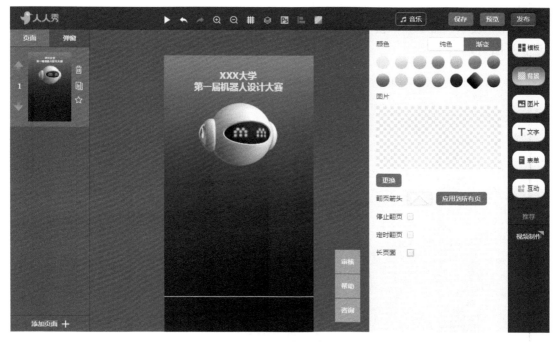

图 5-20　图片编辑

接下来，同样使用"文字"菜单，添加必要的比赛介绍文字。如果文字内容较多，可采用长页面的形式设计。如图5-21所示，在"背景"菜单中选择长页面的选择框，页面变长可容纳更多的内容。

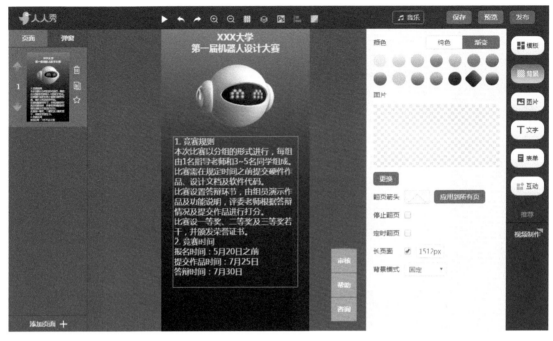

图 5-21　长页面设计

3. 功能定义

下一步，我们进行简单的交互功能开发。

选择"表单"菜单，单击右侧菜单中"提交按钮"，页面中会自动放置一个"提交按钮"，见图 5-22。

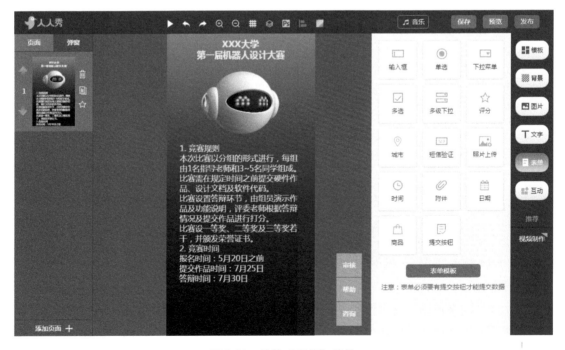

图 5-22　放置"表单"控件

摆放好"提交按钮"位置后,在右侧出现的菜单中输入提交信息,并放置必要的信息录入对话框,便可基本完成页面设计,见图5-23。

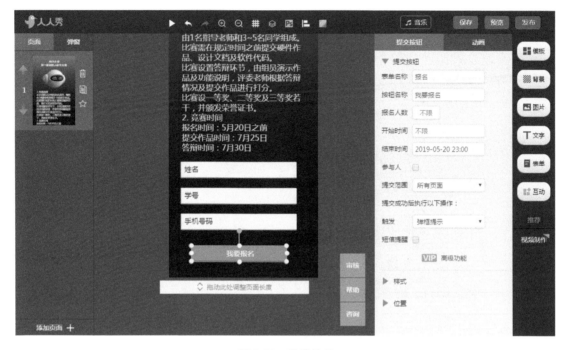

图5-23 设置控件

为了提升页面的交互体验,还可以设置背景音乐。在最上方的功能按钮中选择"音乐",系统会弹出"背景音乐"设定页面,见图5-24。我们可以选择"更换"按钮设定页面的背景音乐,也可以选择显示的音乐图标用于为用户提供关闭背景音乐的操作。

图5-24 背景音乐设定

页面设计完成后,使用"音乐"按钮右侧的功能按钮可分别实现保存页面、预览及发布的功能,见图5-25。本实验仅仅简单实现单一页面的机器人设计大赛报名系统,要实现相对复杂的多页面系统,可以在编辑界面左侧添加更多页面来实现。

图 5-25　程序预览

5.4.5　实验报告要求

实验报告要求为：

1）设计一款 H5 轻应用程序，可实现但不限于邀请函、报名系统、答题系统等。

2）实验报告应包含下列内容：功能概述、使用者需求（需求描述和需求汇总说明）、产品说明（功能摘要和产品结构图）、产品设计结果、特色和难点。

3）提交电子版实验报告时，请附上设计方案对应的二维码，并保证在线设计成果在一个月内可以正常访问。

5.4.6　实验注意事项

实验注意事项为：

1）注意移动设备交互设计的原则及规范。

2）小组成员分工合理。

5.4.7　思考题

思考 H5 应用针对移动端设计与针对 PC 端设计的异同。

5.4.8　考核办法和成绩评定

1. 考核办法

学生以 2~3 人为小团队完成实验，提交实验报告、工作流图片和 H5 应用二维码。

2. 成绩评定

项　目	成绩比例	备　注
实验报告	40%	结构完整，功能齐全，排版正确，报告结构合理，在报告中注明分工及工作量所占比例
工作流图片	10%	图片应足够清晰，工作流合理
原型浏览二维码	50%	设计结果应至少一个月内可以用手机访问，程序界面应美观、交互体验良好

5.5 习题

1. H5 轻应用与 App 应用各自有哪些优势及缺点？

2. 320ppi 的屏幕，屏幕分辨率为 480（宽）×800（高），当设置汉字字体为 20sp 时，满屏幕最多能放置多少个汉字？

第6章

移动终端的交互设计实战

6.1 Android 操作系统

Android 是由 Google 公司和开放手机联盟共同开发的一款基于 Linux 的开放源代码操作系统[44]，主要应用于移动设备，如智能手机和平板电脑等。Android 英文意为"机器人"，因此 Android 系统的代表形象也是一个小机器人，在国内一般把 Android 译为"安卓"。

Android 系统最初由 Andy Rubin 等人所创立的 Android 团队开发，2005 年 8 月被 Google 收购。2007 年 11 月，Google 与 84 家硬件制造商、软件开发商及电信营运商组建开放手机联盟，共同研发改良 Android 系统。随后 Google 以 Apache 开源许可证的授权方式，发布了 Android 的源代码。随后，第一部内置了 Android 系统的智能手机于 2008 年 10 月推出，该系统迅速被世人所熟知。随着 Android 系统不断发展和完善，越来越多的设备（诸如手机、平板电脑、机顶盒、电视机、车载设备、智能手表等）使用 Android 作为用户操作系统。

🎯 **小趣闻**：苹果公司表示，Android 系统创始人 Andy Rubin 的有关 Android 系统的理念之一诞生于他供职苹果公司期间。

6.1.1 Android 系统特点与架构

从 2008 年以来的十年间，Android 系统得到了飞速的发展。在大量的智能硬件设备使用该系统的同时，硬件系统的不断升级换代也促使 Android 系统不断更新换代，其系统版本目前以每年至少推出一代的速度在更新，目前最新的版本为 9.0 系统。

1. Android 系统特点

Android 系统的快速发展和它自身特点和优势是分不开的，其主要特点和优势如下：

（1）开放性

在优势方面，Android 平台首先就是开放性，Android 平台允许任何移动终端厂商加入到 Android 联盟中来，非常有利于用户、开发者、平台提供商和硬件厂商的参与，显著地推动 Android 产业链的完善和发展。同时对于软件开发者而言也有了更多的选择，采用众多的第三方支持技术，可以快速实现及部署应用程序。

（2）丰富的硬件选择

由于 Android 的开放性，众多的厂商已经推出千奇百怪，各具功能特色的产品。Google IO 2011 上推出了 ADK 配件开发工具包（Accessory Development Kit），为扩展 Android 外设又前进了一大步，通过 ADK 可以控制所有能通过 USB、蓝牙等接入的设备，想象一下用户用 Android 程序可以控制遥控机器人，可以控制摇摇椅，为开发者提供足够的想象空间和可能性。

（3）开发者不受任何限制

Android 平台提供给第三方开发者一个十分宽泛、自由的环境，不受各种条条框框的限制，所以才会诞生众多新颖别致的软件。市集式的应用程序发布模式使单个的开发团队和大型开发公司有了相同的机会获得消费者。

（4）无缝集成互联网服务

如今叱咤互联网的 Google 已经走过了 20 年，从搜索巨人到全面的互联网渗透，Google

服务（如联系人、地图、邮件、搜索等）已经成为连接用户和互联网的重要纽带，Android平台手机可以无缝集成这些优秀的 Google 服务。而且由于其开放性和快速提升的市场占有率，几乎所有主流的互联网服务商都尝试将主流服务集成到 Android 平台上，更多的互联网提供商甚至通过深度定制 Android 平台推出自己的云服务终端。

（5）不断进行的交互体验创新

Android 从系统版本的更新换代过程中，不断尝试新功能的推进，如全景相机、指纹解锁、传感器支持、新颖的界面交互方式等，系统功能的推陈出新使用户对系统总保持着新鲜感，感觉不会过时。

2. Android 系统架构

Android 是一种基于 Linux 的开放源代码软件栈，可用于多种设备和机型[45]。Android 系统的架构（又称体系结构）与其他操作系统类似，采用了分层的体系结构进行定义并划分功能，整个层次结构分为四层：Linux 内核层、Android 系统运行层、应用框架层以及应用层，见图 6-1。

Linux 内核层：Android 作为一个操作系统，其底层是基于 Linux 内核的。这一层主要完成操作系统所具有的功能，比如硬件设备的驱动程序。

系统运行层：该层提供了 Android 的运行环境。学过 Java 的读者都知道，Java 程序的运行需要 Java 核心包的支持，然后通过 JVM 虚拟机来运行应用程序。Android 运行中的系统核心库就相当于 Java 的 JDK，是运行 Android 应用程序所需要的核心库，Dalvik 虚拟机就相当于 JVM，这是 Google 专为 Android 开发的运行 Android 应用

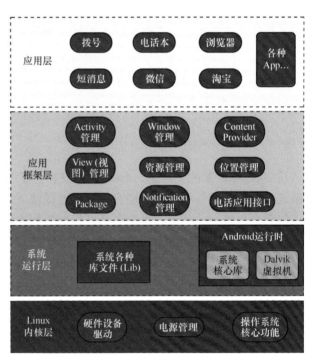

图 6-1　Android 系统架构图

程序所需的虚拟机。另外，该层还包含了各种库文件，例如我们访问 SQLite 数据库的库文件等。

应用框架层：该层提供了应用程序运行所需的框架支持。对该层的理解能够很好地帮助我们开发应用程序，对该层运行机制的学习也是掌握 Android 开发理念的基础，应用程序就是通过这些框架来实现其功能逻辑。

应用层：该层是应用程序（Application）所在的层级，Android 系统包括自带的系统应用（诸如电话本、浏览器等）以及开发者所开发的应用（App），这些应用均运行于此。

3. Android 的四种常用组件

目前推崇的主流软件开发一般基于组件开发。组件就类似于电脑的硬件一样，比如要组装一台电脑，可以直接通过购买各个硬件然后将其组装在一起。对于软件来说，组件就类似

于各种现成的硬件,开发一个软件时,可以直接将这些组件组合。这种软件开发方式即统一了软件风格,又加快了开发进度。

Android 有四种常用的基本组件:Activity、Service、ContentProvider、BroadcastReceiver。它们之间通过一个叫作 intent 的媒介进行通信及消息传输,见图 6-2。

Activity:Activity 就是应用程序的界面(或页面),主要用来将程序功能展示给用户及与用户进行交互。比如一个登录界面,上面有输入用户名、密码的文本框和登录按钮,这些元素所显示的页面就是 Activity,Activity 可以将用户输入的数据传递到系统,然后再显示出来。一般来说,应用程序具有一个或多个 Activity。

Service:系统提供的服务。对于绝大部分数据的处理,业务的处理都通过 Service 来完成。举个例子,开发一个录音软件,录音功能就是由 Service 提供。

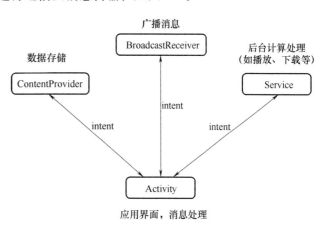

图 6-2 Android 四大组件

ContentProvider:ContentProvider 组件类似于档案馆,里面存放了程序的各种数据,例如通讯录中的电话本数据等。这个组件的功能就是运行程序对其进行访问,得到其中的数据。

BroadcastReceiver:BroadcastReceiver 组件是广播接收器,主要是用来监听系统行为,例如当电量不足时会给我们发送一条广播信息,由程序处理显示给用户知晓。

4. Activity 的基本开发思路及运行机制

在了解 Android 的体系结构后,这里介绍一下 Android 应用程序的开发及运行机制。

一个最简单的 Android 应用程序至少需要具备 AndroidManifest. xml、Activity. java 以及 Activity. xml 几个文件。

其中 AndroidManifest. xml 可以理解为应用程序的配置文件,在该文件中需要定义程序的基本属性,例如程序图标放在哪里;需要定义具体的组件及属性,用到了哪些 Activity;需要定义系统权限,比如是否用到了网络连接、蓝牙等。

Activity. xml 是布局文件,文件中可以使用代码或图形界面两种方式绘制界面中的颜色、背景、控件等多种效果,它是 Activity 页面的基本显示效果。

Activity. java 就是拥有 Activity 的程序源码,里面至少需要有 OnCreate ( ) 方法来处理界面创建功能,该方法内需要调用 Activity. xml 用以启动程序界面。

最基本的 Activity 应用的启动流程见图 6-3。当运行 Android 应用程序时,Android 系统首先找 AndroidManifest. xml 文件,根据该主配置

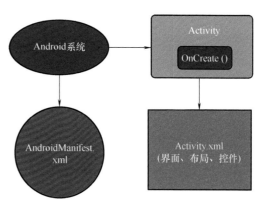

图 6-3 Android 应用调用关系

文件所定义的启动顺序启动 Activity 对象；然后 Android 系统找到这个 Activity 对象后，调用其 OnCreate（）方法，该方法中 SetContentView（）方法的参数值即为加载的布局文件（这里是 Activity. xml），最后 Activity. xml 布局文件中的各个控件显示在屏幕上。

6.1.2　Android 开发工具简介

Android 应用程序（APP）开发的主要工具有两种，分别是 Eclipse + ADT 和 Android Studio，两种开发环境的配置步骤稍有不同，见图 6-4。

由于 Android App 使用 Java 语言进行开发，因此两种开发环境都要首先安装 Java Development Kit，并配置环境变量用以适应 Java 开发环境。

由于 Eclipse 开发工具本身并不是 Google 公司提供，而是一个通用的集成开发环境。为了开发 Android App，在安装 Eclipse 之后，需要在其中安装 Android SDK 以使程序能够使用 Android 接口，而安装 Android Development Tools（ADT）后，Eclipse 即成为 Android 应用的必要开发工具。图 6-5 所示为 Eclipse 开发环境。

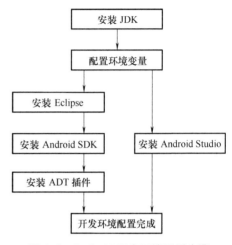

图 6-4　Android 开发环境配置步骤

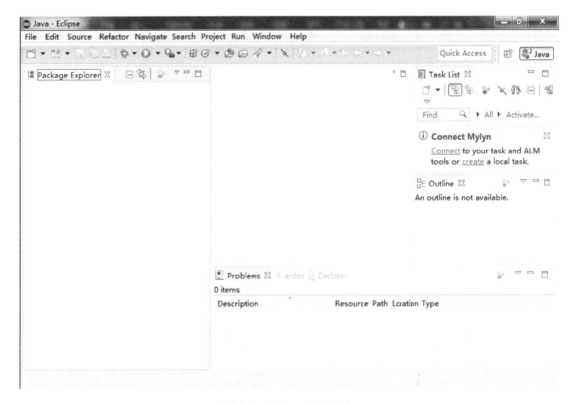

图 6-5　Eclipse 开发环境

随着 Google 推出官方的 Android 应用开发的集成开发工具 Android Studio，2015 年底，

Google 也停止了对 Eclipse 的 Android 工具的一
切支持，因此，目前市面上推荐的开发工具即
为 Android Studio。

　　相对于 Eclipse，Android Studio 开发环境
的配置要简单得多，由于其是针对 Android 应
用开发的工具并集成了 Android SDK，因此无
需再安装 SDK 及 ADT，建立环境也相对简单，
只需在安装之前配置 JDK 和环境变量即可。
图 6-6 和图 6-7 所示为 Android Studio 的启动
界面及开发界面。

　　Android Studio 作为一个专门针对 Android
App 开发的集成开发环境来说，最重要的就是

图 6-6　Android Studio 启动界面

方便开发者的开发行为，它的代码编写、布局的绘制、程序的运行调试以及发布都非常的方
便。另外，Android Studio 很好地解决了多分辨率问题，Android 设备拥有大量不同分辨率和
尺寸的屏幕，开发者可以很方便地使用 Android Studio 调整各种分辨率的设备上的应用。同
时 Android Studio 还解决了语言问题，多语言版本（尽管没有中文版本支持）、支持翻译都
让开发者更适应全球开发环境。Android Studio 还提供了 Beta Testing 功能，可以让开发者很
方便试运行所开发的应用程序。

图 6-7　Android Studio 开发界面

说明：因 Android App 都是运行在移动设备（如手机、平板电脑、智能电视机等）中的，为了方便程序调试，Android SDK 中内置了 Android 模拟器。Android 模拟器是非常重要的开发工具，它允许程序开发者在没有物理设备的情况下，在电脑上对 Android 程序进行开发、调试和仿真。

Android 模拟器可以仿真手机的绝大部分硬件和软件功能；支持加载 SD 卡映像文件，更改模拟网络状态、延迟和速度，模拟电话呼叫和接收短信等；支持将屏幕当成触摸屏使用，可以使用鼠标点击屏幕模拟用户对 Android 设备的触摸操纵；在 Android 模拟器上有普通手机常见的各种按键，如音量键、挂断键、返回键和菜单键等，图 6-8 为 Android 模拟器。

图 6-8　Android 模拟器

6.2　图形化编程开发 Android 程序

App Inventor 是一款采用拖拽操作的可视化编程工具，主要用于构建运行在安卓平台上的 App 应用。App Inventor 提供了基于 Web 的图形化用户界面设计工具，可以设计应用的界面 UI，然后再像玩拼图游戏一样，将块语言拼在一起，来定义应用的具体行为。App Inventor 通过网络进行设计，所有的设计方案都储存在云端服务器上，方便用户在任何一台机器上进行设计。App Inventor 主要有三大模块：

1）组件设计（Designer）：主要作用是界面设计，组件布局与组件属性设定。

2）逻辑设计（Blocks）：主要作用是通过搭建积木块的方式，将封装好的程序代码进行连接，可以同时操作不同属性的元素组件、行为组件和函数组件等来进行"程序设计"，当然这些操作都不涉及直接编辑代码。

3）模拟器（Emulator）：在没有 Android 设备时，可用模拟器来进行案例测试，但模拟器在部分功能上无法提供测试（如重力传感器等）。不过此模拟器功能较简单，见图6-9。

App Inventor 可以在几分钟之内就构建完成一个简单的 App，组件和逻辑编辑工作都可以完全在浏览器中进行，并且能够实现实时调试。

6.2.1 App Inventor 开发环境

App Inventor 2 需要连接 Internet 网络在 Web 浏览器上运行，通过 Wi-Fi 或者 USB 数据线连接 Android 手机，或用自带模拟器就能创建你想要开发的 Android App[46]。App Inventor 对于电脑的操作系统没有要求，支持 IE 以外的多种主流浏览器。

App Inventor 的官方网址是 http://appinventor. mit. edu/，通过浏览器进行访问。由于国内网络环境问题，目前暂时还不能顺畅地在 App Inventor 2 的官网平台进行 App 的开发。不过 MIT App Inventor 团队和广州市教育信息中心（广州教科网）合作，于2015 年 1 月在国内部署了一个同步的开发网站，即

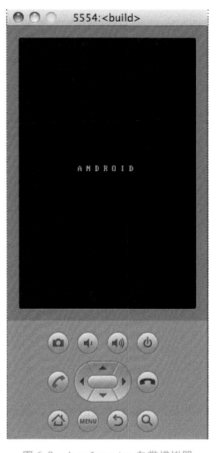

图6-9 App Inventor 自带模拟器

App Inventor 广州服务器 http://app. gzjkw. net，这是中国大陆最早由麻省理工学院授权的 App Inventor 官方服务器，由广州市教育信息中心（广州市电教馆）负责运维。

此外，还可以使用位于网易服务器的开发网站（http://ai2. study. 163. com），以及华南理工大学杨道全老师的先研性开发网站（https://app. wxbit. com/），但后者为"增强版"，加入了一些独有的新功能和特性，与前两者的版本和源文件都不保证兼容。下文将以 app. wxbit. com 为开发平台，介绍用 App Inventor 开发安卓程序的步骤。

6.2.2 App Inventor 简单操作

登录 App Inventor（以下简称 ai）开发网站，创建一个项目，比如叫"Demo"，完成后看到界面如图6-10所示。

1）组件工具箱[47]，选中所需的组件后，使用鼠标拖拽到中间的手机界面区域，就能在项目中使用该组件了。单击组件右边的问号 ，可查看组件的介绍。熟悉 ai 内置组件后，若发现组件不够用，那么还可以通过上传"扩展"加入第三方开发的组件，扩展 ai 的功能，从而制作更加丰富的应用。

2）主要工作区。界面设计和程序功能逻辑的设计主要就在这里进行。

3）属性框。不同组件会有不同的属性，比如"Screen1"组件，可以设置应用安装到手

111

工具箱：把组件拖入工作区并添加到 App中

逻辑设计按钮：单击它可进入程序逻辑实现状态

属性框：选择组件后，可在此修改控件的属性（如颜色、尺寸等）

工作区：从工具箱中拖入组件，来设计App的界面

图 6-10　App Inventor 开发界面

机中的显示名称、应用图标等。属性具体的用途，往往可以通过属性名称来描述。少数不能理解的属性，可以查看帮助文档或设置后连上 AI 伴侣，经过调试后观察功能。

4）ai 中有"组件设计"和"逻辑设计"两项重要功能。在"组件设计"视图中，选择合适的组件设计应用界面；在"逻辑设计"视图中，设计组件对应的事件逻辑，例如，单击按钮更新标签的显示文本等。

在项目编辑界面，单击"连接"菜单中的"AI 伴侣"，则在网页中会弹出一个页面，类似图 6-11 所示，其中会显示一个二维码和6 位字符的连接码。

在手机中启动"AI 伴侣"，见图 6-12，扫描二维码或者在文本框中输入连接码并单

图 6-11　连接到 AI 伴侣

击"输入代码连接"按钮，即可在"AI 伴侣"中看到正在制作的应用，此时运行的 App 界面是简单到只有一行标题文字"Screen1"的空白窗口。

注：为方便调试程序，最好能够在安卓手机（或安卓模拟器）上安装一个名为"AI 伴侣"的 App，该 App 可以从开发网站的"帮助/AI 同伴信息"菜单中找到。使用 AI 伴侣，可以很方便地在手机上同步并调试 App。

在"组件列表"中选中"Screen1",见图6-13,设置"水平对齐"和"垂直对齐"属性为"居中",将"应用名称"属性设置为"测试应用",窗口大小设置为"自适应"。然后再单击组件面板中的"按钮",拖拽进工作面板,并将按钮的文本属性设置为"点击",UI效果见图6-14。

图6-12　AI伴侣

图6-13　属性设置

图6-14　添加按钮

在右上角单击"逻辑设计"按钮,将切换到功能实现界面,见图 6-15。

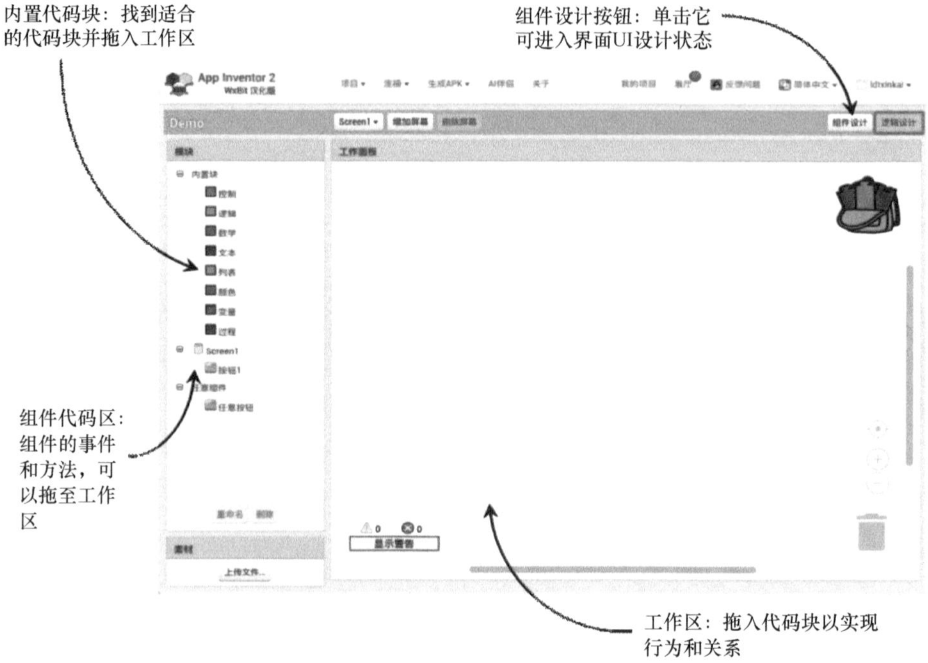

内置代码块:找到适合
的代码块并拖入工作区

组件设计按钮:单击它
可进入界面UI设计状态

组件代码区:
组件的事件
和方法,可
以拖至工作
区

工作区:拖入代码块以实现
行为和关系

图 6-15 逻辑设计

1)内置代码块列出了 ai 内置的逻辑程序代码块,分为 8 大类,是制作应用的重要支撑。点开查看,从文字即可理解每个逻辑块的作用,比如加减乘除可以在"数学"栏下找到,文字大小写转换可以在"文本"栏下找到,至于归类不太明确的,比如 if 语句等,则大多可以在"控制"栏下找到。

2)组件代码区位于内置代码块下方,列出了当前屏幕中所有的组件,Screen1 是整个 App 的入口。单击组件,可以看到该组件的事件块、获取设置属性值的块,以及组件的其他功能块。

3)主要工作区中可以摆放逻辑代码块,通过拼接代码块来实现功能逻辑。下凹槽为逻辑块,左凹槽接收属性值,见图 6-16。

a)事件　　　　　　b)属性的获取和设置　　　　　　c)行为

图 6-16 事件、属性、行为代码块示例

注:将逻辑块拖动到右下角的垃圾桶图标,可删除所拖动逻辑块。将逻辑块拖动到右上角的背包图标,可以在多个屏幕中共享逻辑块,也就是逻辑块的"复制"与"粘贴"功能。

本 App 希望实现如下功能:即当单击按钮时,让按钮的名称变更为"点击:次数"的形式,即每次单击,在按钮文本中的次数都增加 1。

单击的次数，以一个全局变量的形式保存在程序中，见图6-17，在"内置块"中将"变量"栏下的"初始化全局变量"块拖入工作区。为方便识别，将"变量名"改为"次数"。然后再如图6-18所示，从"数学"栏下将"0"块拖至刚才的代码块右侧。

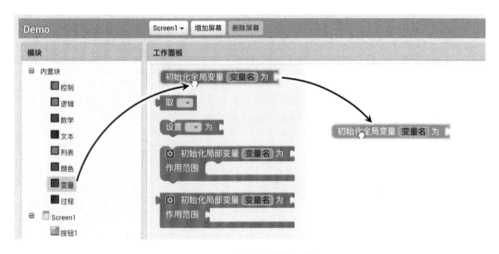

图6-17 添加变量代码块

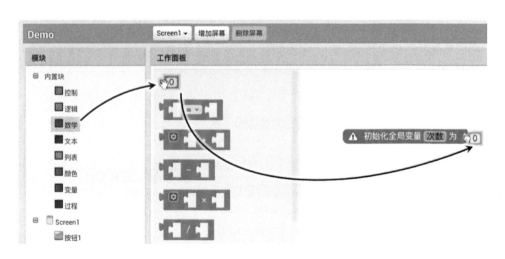

图6-18 变量赋值为0

从"按钮"的逻辑块中将"被点击"事件块拖到工作区域，然后分别从"变量""数学""文本"块中拖出对应逻辑块，拼接成"按钮每点击一次，其名字显示+1"的逻辑，见图6-19～图6-23。

至此，第一个安卓应用制作完成。

单击"生成 APK/显示二维码"菜单，ai 平台会生成安卓的 App 安装文件，使用手机扫描二维码即可下载安装到手机中，见图6-24。由于二维码的有效时间只有2小时，一般只用于自己安装测试。若选择"下载到电脑"菜单，可将生成的 APK 文件下载到电脑，从而可以通过其他方式传播，或者在"应用市场"上架。

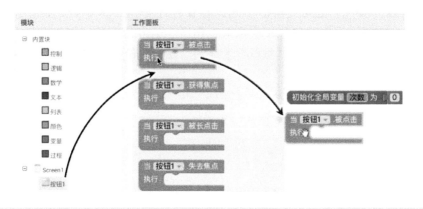

图 6-19　添加按钮事件块

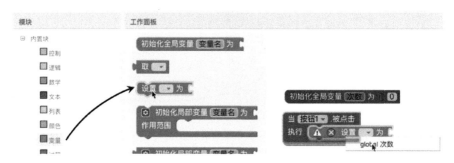

图 6-20　设置变量值

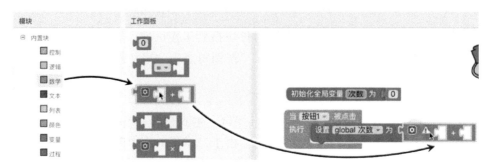

图 6-21　添加加法运算

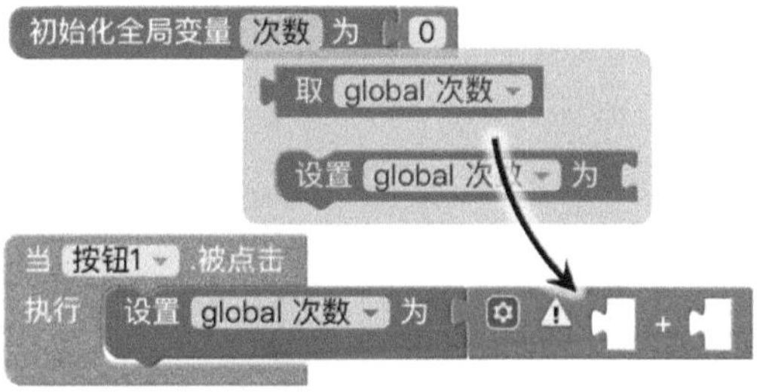

图 6-22　获取变量值

图 6-23　完整代码

图 6-24　安装及运行效果

6.3 **实验 4：移动端网络接口调用的实现**

6.3.1　实验目的和类型

1. 实验目的
熟悉网络接口调用的方法，学会在移动端调用网络接口。

2. 实验类型

验证性实验。

6.3.2 实验内容

> 说明：实验内容分为"能""会""熟练操作""熟悉""认知"几个层次。实验要求指学生通过本实验课程的学习，所要达到的知识和能力水平。

1）认知 HTTP 协议与 GET、POST 方法，熟悉 JSON 格式。

2）熟悉移动端调用网络接口的办法。

3）熟练操作 App Inventor 调用简单的网络 API 接口。

6.3.3 实验仪器、设备

1）App Inventor（https://app.wxbit.com）和 AI 伴侣。

2）安卓手机一部（或电脑上安装网易 Mumu 等安卓模拟器）。

3）Chrome 浏览器和 postman 扩展程序。

6.3.4 实验原理

1. 一言网 API

一言指的就是一句话，可以是动漫中的台词，也可以是网络上的各种小段子。一言网（Hitokoto.cn）的 API 十分简单易用，这里把它作为一个网络 API 入门的例子十分合适。

接口文档：

http://hitokoto.cn/api

请求网址：

https://v1.hitokoto.cn

调用方法

GET

返回值是 JSON[⊖]格式，表 6-1 为返回值参数说明。

表 6-1　返回值参数说明

返回值参数名称	描　　述
id	本条一言的 id。可以链接到 https://hitokoto.cn? id =[id] 查看这个一言的完整信息
hitokoto	一言正文，编码方式 unicode，使用 utf-8

⊖ JSON（JavaScript Object Notation）是一种流行的轻量级数据交换格式，它采用完全独立于编程语言的文本格式来存储和表示数据。简洁和清晰的层次结构使得 JSON 成为理想的数据交换语言，易于阅读和编写，同时也易于机器解析和生成，并有效地提升网络传输效率。

（续）

返回值参数名称	描 述
type	类型。a：Anime——动画，b：Comic——漫画，c：Game——游戏，d：Novel——小说，e：Myself——原创，f：Internet——来自网络，g：Other——其他
from	一言的出处
creator	添加者
created_at	添加时间

2. Web 客户端组件

从功能上讲，App Inventor 的 Web 客户端组件与浏览器相类似，遵从 HTTP 协议与 Web 服务器进行通信，只是它不提供用户界面。在 App Inventor 中，需要在编程视图中设置 Web 客户端组件的网址等属性，然后向服务器发出请求，并处理服务器返回的数据。Web 客户端组件的几个主要代码块的功能见表 6-2。

表 6-2 Web 客户端组件代码块简介

Web 客户端组件代码块	说 明
网址	用于设置将要访问的 API 的网址（包括资源名称及参数）
编码指定文本	将非 ASCII 码转换为 ASCII 码。电脑中的 Web 浏览器可以将网址中的非 ASCII 码自动转换为 ASCII 码，但 Web 客户端组件目前尚不具备这一功能，因此需要用该块进行编码的转换
执行 GET/POST 请求	以 GET/POST 方式向服务器发出请求
当收到文本时	当服务器对请求做出响应，并将数据返回给请求者时，触发该事件
解析 JSON 文本	对返回 JSON 格式的数据进行解码处理，将其转换为 App Inventor 列表

对于初学者来说，使用 Web 客户端组件访问 Web API 有两个难点：

首先是对请求指令的设置，有些 API 只要求正确地设置网址，有些 API 还需要设置请求消息首部（也称请求头），要仔细阅读 API 提供方编制的开发文档，才能正确设置请求信息，保证请求的成功。

其次是对返回数据的处理。Web API 通常以 JSON 或 XML 的格式返回数据，因此 Web 客户端组件提供了解析这两类数据的功能，但依然要小心地分析返回的数据结构，才能将信息合理地呈现出来。此外，多数 Web API 的开发应用，开发者需要向 API 提供方申请开发权限，也就是申请密钥，具体的申请方法都可以在 API 提供方的文档中找到。

3. Postman 软件工具

在开发或者调试网络或网页（B/S 模式）程序时，可以通过一些网络监视工具或网页调试工具辅助开发测试，Postman 就是此类工具中的一种，通过使用它可以完成发送接收 HTTP 请求时的大量调试测试工作。Postman 程序适用于诸如 Windows、Mac OS、Linux 等许多操作系统，下文将使用基于 Chrome 浏览器的 Postman 插件进行 Web API 接口的调试测试工作。

6.3.5　实验步骤及要求

1. 准备工作

Web API 的接口调用往往是复杂的，而编程往往也是困难的，这两件事遇到一起，就更容易出现问题。所以在处理类似程序的时候，通常先把 Web API 的参数等调试通了，获得意料中的结果后，才开始正式编程。

Postman 是一款功能强大的网页调试与发送网页 HTTP 请求的 Chrome 浏览器插件。在Chrome 浏览器中安装 Postman 插件并打开，输入"一言"API 的网址，见图 6-25。

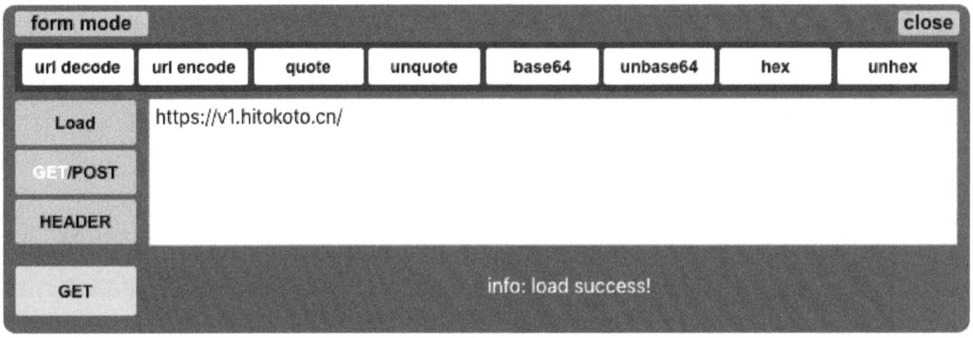

图 6-25　接口测试

在 Postman 中单击左下角的"GET"按钮，返回结果见下文所示：

```
{
    "id":3658,
    "hitokoto":"如果我们这么做了,某些事情将会发生。我们必须这么做,这是科学的探索。",
    "type":"c",
    "from":"Stellaris",
    "creator":"aziint",
    "created_at":" 1528034767"
}
```

注：从服务器端获得的响应文本看上去有些奇怪，因为它是 JSON 格式的，需要进行解析后才能正确地获得用户想要的内容。

2. 界面设计

登录 App Inventor，创建新工程，在屏幕正中添加一个标签和一个按钮，并设计 Screen1的水平对齐和垂直对齐属性为"居中"，此时界面见图 6-26，并添加"通信连接"工具箱下的"Web 客户端"组件（此为不可见组件）。

3. 逻辑设计

（1）切换到逻辑设计工作区，为按钮添加"被点击"事件，Web 客户端的"网址"属性为一言网的接口 URL，并执行 GET 请求，见图 6-27。

（2）在左侧组件代码块区域中找到 Web 客户端组件，为其"获得文本"事件添加代码

图6-26 界面设计

发出网络请求的区块如图6-27所示。

图6-27 发出网络请求

块，见图6-28，即当调试程序，单击"发送请求"按钮后，会在标签中显示服务器的响应内容，见图6-29。

图6-28 接受响应文本

图6-29 服务器响应内容

注：每次调用一言网的接口，得到的文本内容皆会不同。

（3）在 App Inventor 中存在专门的 JSON 解析方法，其位于 Web 客户端组件中，可以将 JSON 文本解码为列表；再调用"列表"内置块栏下的"查找键值对"即可自响应文本中获得 hitokoto 字段的内容，具体程序逻辑见图 6-30。运行程序后，将会在标签中正确显示解析后的文字，结果类似图 6-31 所示。

注：一般来说我们只关心"一言"的内容，而 id、from 等字段的内容我们毫不在意，所以这里忽略了 hitokoto 之外的所有的字段。

图 6-30　解析 JSON 并获取 hitokoto 字段

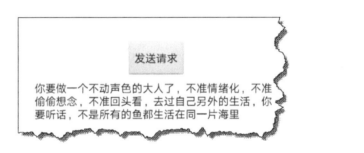

图 6-31　解析 JSON 后的运行结果示例

6.3.6　实验报告要求

1）实验报告里应介绍 HTTP 请求中的 GET 和 POST 方法。
2）实验报告里包含设计的 UI 及用到的控件。
3）实验报告里应包含所有核心代码。

6.3.7　实验注意事项

注意 JSON 结构的解析，及其中字段内容的正确提取方法。

6.3.8　思考题

1）上网查资料，认识 GET 方法和 POST 方法的区别。
2）如果参数中出现中文，会出现问题吗？如果遇到此种情况，该怎么办。
3）上网了解更多实用的公开 API。

6.3.9　考核办法和成绩评定

1. 考核办法

学生独立完成实验，提交实验报告、aia 源文件和 apk 安装包。

2. 成绩评定

项　目	成绩比例	备　注
实验报告	30%	结构完整，功能齐全，排版正确
apk 安装包	70%	UI 美观，功能皆已实现
aia 源文件	0	缺少源文件扣 20% 成绩

6.4 实验5：移动端人脸检测实验

6.4.1　实验目的和类型

1. 实验目的

了解人脸检测的基本原理，熟悉常见的人脸识别开源项目，掌握调用旷视 API 接口进行人脸检测的方法。

2. 实验类型

设计性实验。

6.4.2　实验内容

说明：实验内容分为"能""会""熟练操作""熟悉""认知"几个层次。实验要求指学生通过本实验课程的学习，所要达到的知识和能力水平。

1）了解人脸识别的基本原理，熟悉常见的人脸识别开源项目。

2）熟悉操作 App Inventor 调用旷视 API 接口进行人脸识别。

6.4.3　实验仪器、设备

1）App Inventor（https://app.wxbit.com）和 AI 伴侣。

2）安卓手机一部（或电脑上安装网易 Mumu 等安卓模拟器）。

3）Chrome 浏览器和 Postman 扩展程序。

4）旷视 Face++ 网站开发者账号（https://www.faceplusplus.com.cn/）。

6.4.4　实验原理

本实验使用旷视公司提供的免费 API 检测人脸，其 Detect API 可以检测图片中的人脸（支持一至多张人脸），并标记出边框，也可以对尺寸最大的 5 张人脸进行分析，获得面部关键点、年龄、性别、头部姿态、微笑检测、眼镜检测以及人脸质量等信息。本实验就是打算利用 Detect API 来判断照片中人物的年龄和性别（本实验只考虑照片中存在一个人物的情况，若存在多人，则只判断人脸区域最大的那人）。

Detect API 文档：

https://console.faceplusplus.com.cn/documents/4888373

请求网址：

https://api-cn.faceplusplus.com/facepp/v3/detect

调用方法

POST

请求参数，见表6-3。

表6-3 请求参数

是否必选	参 数 名	类 型	参 数 说 明
必选	api_key	String	调用此 API 的 API Key
必选	api_secret	String	调用此 API 的 API Secret
必选 （三选一）； 要求见 表6-4	image_url	String	图片的 URL 注：在下载图片时可能由于网络等原因导致下载图片时间过长，建议使用 image_file 或 image_base64 参数直接上传图片
	image_file	File	一个图片，二进制文件，需要用 post multipart/form-data 的方式上传
	image_base64	String	base64 编码的二进制图片数据 如果同时传入了 image_url、image_file 和 image_base64 参数，本 API 使用顺序为 image_file 优先，image_url 最低
可选	return_attributes	String	是否检测并返回根据人脸特征判断出的年龄、性别、情绪等属性，合法值为 _（见下表）_ 注：本参数默认值为 none

表内嵌套表格：

none	不检测属性
gender age beauty ⋮	希望检测并返回的属性 需要将属性组成一个用逗号分隔的字符串，属性之间的顺序没有要求 关于各属性的详细描述，参见下文"返回值"说明的"attributes"部分

表6-4 图片要求

内 容	说 明
图片格式	JPG（JPEG），PNG
图片像素尺寸	最小像素 48×48，最大像素 4096×4096
图片文件大小	2MB
最小人脸像素尺寸	系统能够检测到的人脸框为一个正方形，正方形边长的最小值为图像短边长度的 1/48，最小值不低于 48 像素。例如图片像素为 4096×3200，则最小人脸像素尺寸为 66×66 像素

返回值：

当视图 detect API 返回文本时，需要从中提取符合要求的内容。由于有时图片中并没有人脸，或者人脸识别失败，则列表中的 faces 子列长度为 0，可通过判断列表的长度来判断是否成功识别人脸。

返回的 JSON 结构大致如图 6-32、表 6-5 所示。

表 6-5　返回值说明

字　段	类　型	说　明
request_id	String	用于区分每一次请求的唯一的字符串
faces	Array	被检测出的人脸数组，具体包含内容见表 6-6 和表 6-7 注：如果没有检测出人脸则为空数组
image_id	String	被检测的图片在系统中的标识
time_used	Int	整个请求所花费的时间，单位为毫秒
error_message	String	当请求失败时才会返回此字符串，否则此字段不存在

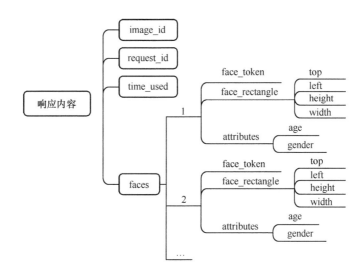

图 6-32　人脸识别结果 JSON 结构

faces 数组中单个元素的结构见表 6-6。

表 6-6　单个 face 元素的结构

字　段	类　型	说　明
face_token	String	人脸的标识
face_rectangle	Object	人脸矩形框的位置，包括以下属性，每个属性的值都是整数： ● top：矩形框左上角像素点的纵坐标 ● left：矩形框左上角像素点的横坐标 ● width：矩形框的宽度 ● height：矩形框的高度
attributes	Object	人脸属性特征，具体包含的信息见表 6-7
landmark	Object	人脸的关键点坐标数组，与本实验无关，不做具体介绍

表6-7   attributes 中包含的元素说明

字　　段	类　　型	说　　明
gender	String	性别分析结果，返回值为 Male　男性 Female　女性
age	Int	年龄分析结果，返回值为一个非负整数
beauty	Object	颜值识别结果。返回值包含以下两个字段，每个字段的值是一个浮点数，范围［0，100］，小数点后3位有效数字 male_score：男性认为的此人脸颜值分数。值越大，颜值越高 female_score：女性认为的此人脸颜值分数。值越大，颜值越高
…	…	…

6.4.5　实验步骤及要求

1. 准备工作

（1）在 https://www.faceplusplus.com.cn/注册账号。

（2）登录后，进入"控制台"后单击"开发者信息"，创建 API key。类型选择"试用"，这样可以免费调用 API，剩余的选项根据自己的情况填写即可。应用创建成功之后，则会生成相应的 API Key 和 API Secret，见图6-33。

图 6-33　应用管理

（3）在浏览器中打开一个在线 Base64 转换工具（可以通过百度搜索很容易找到，比如 http://imgbase64.duoshitong.com/），选中一张不太大的人物图片，将其转换为 Base64 编码文本，见图6-34。

说明：根据 base64 的编码原理，编码后的字节大小会比原文件增大约1/3。

（4）在 Chrome 浏览器中打开 Postman 扩展程序，输入网址"https://api-cn.faceplusplus.com/facepp/v3/detect"，在左侧"GET/POST"按钮中单选"POST"，然后在下方分别添加 api_key、api_secret、image_base64 和 return_attributes 这4个参数，见图6-35。其中 api_key 和 api_secret 可在旷视开发者网站的"应用管理"中找到。

图 6-34　图片转换 Base64

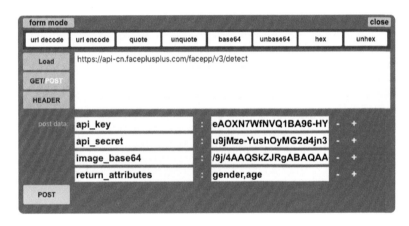

图 6-35　Postman 测试人脸检测

说明：在使用 base64 图片编码文本时，务必先去除前缀"data：image/jpeg；base64，"。

（5）单击 Postman 左下角的"POST"按钮，得到返回的检测结果字符串如下所示，若使用 JSON 格式化工具查看，可看到其结构如图 6-36 所示。

{"image_id"："E3FRJqnpYastKM0v + HG46w = = "，"request_id"："1539443054，7836f997- e691- 4423- 9ff9- 9165baccccfe"，"time_used"：328，"faces"：[{"attributes"：{"gender"：{"value"："Female"}，"age"：{"value"：23}}，"face_rectangle"：{"width"：98，"top"：102，"left"：92，"height"：98}，"face_token"："dbd647fb146471e2725cd54966a1b182"}]}

若能得到类似的结果，则说明 POST 语句没有问题，能够与服务器正确响应，下面就可以放心地开始编程了。

2. 界面设计

（1）在 App Inventor 中创建新工程，并设计界面见图 6-37。其中，照相机组件和图像选择框组件皆可在左侧工具箱中的"多媒体"栏中找到。

注：由于拍摄人脸往往是自拍，所以这里设置了照相机组件使用前置摄像头。

（2）ai 中的控件默认只能垂直排列，而图 6-37 中屏幕下方的拍照按钮、图像选择框和检测按钮则是要求水平排列的。可以通过工具箱里"布局"中的"水平布局"组件来达到

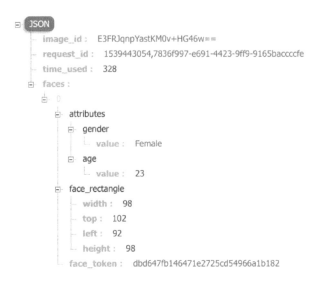

图 6-36　JSON 结构

图 6-37　界面设计

上述目的。

提示：若想让几个按钮保持间距，可在它们中间放上无字但指定宽度的标签组件。

3. 逻辑设计

（1）当单击"拍照按钮"时，希望使用手机的摄像头进行拍照；而拍照成功之后，则希望将得到的照片显示到图像组件中。实现代码见图6-38。

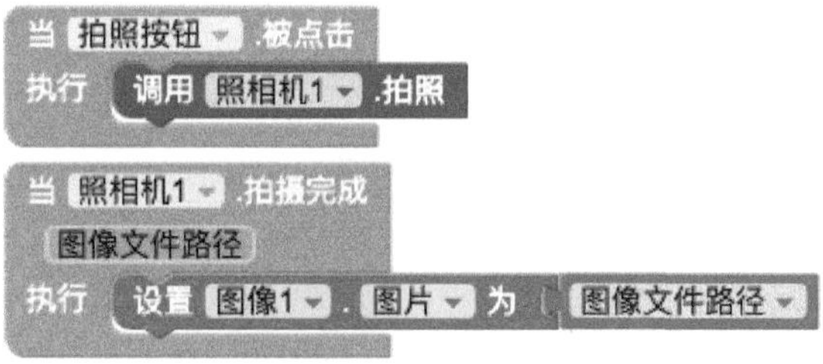

图6-38 拍照和相册选图

（2）图像选择框的功能是打开手机相册来选择图片，而选中的图片则将是其"选中项"。实现图片选择的代码见图6-39。

图6-39 从手机相册中选择图片

（3）为"检测按钮"添加"被点击"事件：先显示进程对话框（以免用户等得着急），再执行POST请求，而请求的文本数据就是之前在"准备工作"里已经成功测试过的api_key、api_secret、image_base64和return_attributes参数。在ai中，POST的参数往往是以列表中的列表出现的，见图6-40。

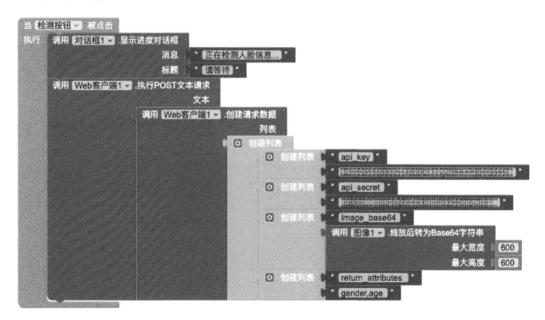

图6-40 发送POST请求

注：因为旷视的 api 接口不支持尺寸太大的图片，同时为了节省手机流量，这里将照片的尺寸限制在 600×600 像素以内。

（4）在上步中的列表是一个小难点，因为默认的"创建列表"中只能放入两项，如图 6-41a 所示，而这里需要放入 api_key 等四项内容。单击"创建列表"左上角的黄色图标⚙，拖入新的列表项，如图 6-41b 和 c 所示。

a) 列表中默认只能放入两项

b) 点开添加列表项按钮

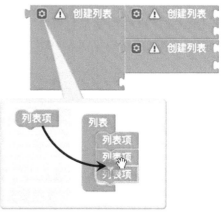

c) 添加新列表项

图 6-41　在列表中增加列表项

（5）为 Web 客户端组件添加"获得文本"事件。其逻辑是首先关闭进程对话框，然后解析从服务器获得到的响应文本：如果其中得到的 faces 列表为空，则报错；否则从中获得第一个人脸的检测数据，取得其 attributes 属性，从中分别取得 age 和 gender 对应的年龄和性别信息，拼接文本后显示在"标签1"组件。我们使用该 App 拍摄了一名路人，最终运行效果见图 6-42。检测后，在屏幕的下方显示了被拍摄人的年龄及性别。整个程序代码见图 6-43。

6.4.6　实验报告要求

1）实验报告里包含设计的 UI 及用到的控件。

2）实验报告里应包含所有核心代码。

图 6-42　人脸检测结果：识别出年龄和性别

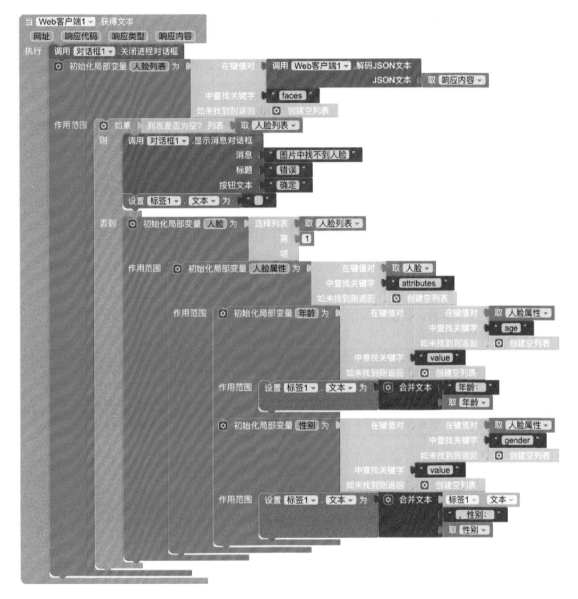

图 6-43 获得服务器反馈文本事件处理

3）实验报告里请写实验的心得体会。

6.4.7 实验注意事项

为了进行人脸识别，如果使用的不是 wxbit 而是其他的 App Inventor 平台，则需要导入以下两个拓展组件：

（1）图片处理组件 TaifunImage：用于修改图片尺寸，加快上传速度。（下载地址 http://www.puravidaapps.com/image.php）

（2）图片 base64 编码/解码组件 SimpleBase64：为了人脸识别 API 的调用方便，将图片编码为 Base64 上传。（下载地址 https://community.thunkable.com/t/image-to-base64-extension/4642/7？u = taifun）

注意：此组件生成的 Base64 编码中每隔一段字符会有一个回车换行符（笔者猜测是为了方便阅读），而有的 Web API 接口（比如腾讯 AI）不能正确识别这样的 Base64 编码后的图片，需要剔除掉此回车换行符。

（3）组件下载

为方便读者使用上述组件，笔者已将这两个组件上传至百度网盘，分享的短网址如下：http://suo.im/4TR5zK

6.4.8 思考题

1）如果还希望给照片人脸的魅力值打分，应该如何实现。

2）当照片中存在多张人脸，且都想判断其性别和年龄时，应该如何设计程序。

6.4.9 考核办法和成绩评定

1. 考核办法

学生独立完成实验，提交实验报告、aia 源文件和 apk 安装包。

2. 成绩评定

项　　目	成绩比例	备　　注
实验报告	30%	结构完整，功能齐全，排版正确
apk 安装包	70%	UI 美观，功能皆已实现
aia 源文件	0	缺少源文件扣 20% 成绩

6.5 习题

1. 关注"旷视 AI 体验中心""百度 AI 体验中心""腾讯优图 AI 开放平台""讯飞 AI 体验栈"这 4 个微信小程序，查看它们有哪些好用或好玩的 AI 功能。

2. 在上述 4 个微信小程序中，挑选一个（或几个）自己感兴趣的 AI 功能，在电脑上查阅其开发文档。

3. 试使用上述 API 接口，自行设计并实现一个 App。（其中百度和腾讯优图的鉴权接口比较复杂，可以直接到 https://github.com/OpenSourceAIX/ApiAccess 下载第三方扩展组件实现鉴权）

第 7 章

语音交互设计

自 2011 年苹果公司发布 Siri 语音助手以来，为抢占智能交互技术商业市场，包括谷歌、苹果、微软、亚马逊、Facebook、三星、阿里、百度、腾讯、华为等国内外巨头纷纷涉足语音交互领域，语音交互作为人工智能席卷万物的突破口，已经成为业内共识[48]。在巴黎举办的智能语音大会（Smart Voice Summit）上，来自谷歌的 Lionel Mora 表示[49]：“我们，正处于语音变革元年”。据《2017—2018 中国智能语音产业白皮书》的数据显示，2014—2018 年，中国智能语音产业规模由 30 亿元增长至 159.7 亿元，五年间增长了四倍。

7.1 语音交互简史

在即将到来的新时代里，界面设计或将突破现有的格局，不再局限于滑动、轻触和点击，而由更加自然的人类语言来替代。语音用户界面（Voice User Interface，VUI）就是用户用人类最自然的语言（开口说话）给机器下达指令，从而达到自己的目的。图 7-1 为 VUI 简史。

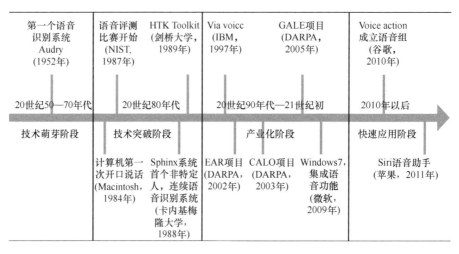

图 7-1　VUI 简史[52]

VUI 的前身是 IVR（Interactive Voice Response，交互式语音应答），它诞生于 20 世纪 70 年代，普及于 2000 年[50]。电话用户只要拨打移动运营商所指定的号码（比如 10086），就可根据语音操作提示收听、点播或发送所需的语音信息以及参与聊天、交友等互动式服务。IVR 存在的主要缺点有[51]：

1）通常用于单轮任务。

2）交互方式较为单一。

3）不能进行中途打断。

在与 IVR 系统的交互过程中，如果出现了失误，用户只能挂断重来，这使得整个交互过程极不流畅。

现在的 VUI 是人通过自然语言与计算机进行交互，所以可以认为 VUI 是人工智能时代下的人机交互代表。其实，在深度学习发力之前，纯语音交互几乎是一件不靠谱的事情。以语音识别为例，从 2008 年到 2011 年，误字率一直高达 23% ~ 24%；而从 2011 年开始应用深度学习时起，误字率从 23.6% 陡降至 5.5%[53]，甚至 5.1%[54]，而人类的专业速记员的误字率则是 5.9%[55]。

7.2　语音交互的优缺点

语音交互如此受人期待，是因为它有巨大的想象空间，能够使我们的生活更便捷。想象一下，如果只是说一声"请将我的车从地库自动驾驶开到楼门口"，车主的汽车就按时到达，这样的生活该有多便捷。

7.2.1　语音交互的优点

快速：GUI 下设置一个闹钟可能需要 3min，而语音交互下只需要 30s[56]。（可以试试让 Siri 设置一个闹钟）

简单：释放双手，不需要去烦琐地打开 App，找到一首歌，然后点击播放，可以一边看书，一边说"放音乐""下一首"。

个性化、上下文驱动：可以根据之前的背景，理解问题。

成本低、尺寸小：需要麦克风、扬声器、处理器等，而这些设备的相对低价，提供了唤醒万物的前提。

7.2.2　语音交互的痛点

"语音百般好，应用一时难"，语音交互走到今天，其智能化已经取得了很大的进步，但依然是有多少人工，就有多少智能。作为新一代的交互模式，人们可通过 VUI（语音用户界面）自然地给机器下达指令，但是要真正达到"能听、会说、懂你"的能力，与实际需求还有很大差距。所以，VUI 是一种以人类内心意图为中心的人机交互方式，以交谈式为核心的智能人机交互体验[57]。

> 🎯 小趣闻：2018 年 11 月，小米 AIoT（人工智能＋物联网）开发者大会上，雷军骄傲地展示了新品——智能音箱"小爱同学"。
>
> 雷军："小爱，你能做什么？"
>
> 小爱："人家还小嘛，这个问题太难了……"
>
> ……
>
> 雷军："三个木叫什么？"
>
> 小爱："木三分……"
>
> 雷军："三个木叫什么？"
>
> 小爱："你是电，你是光，你是唯一的神话。"
>
> 雷军："三个木头的木叫什么？"
>
> 小爱："粘树的木头，感觉你是个乐观……"
>
> 雷军："小爱，是不是每次演示的时候你都要出错？"
>
> 尴尬的雷军继续问"小爱"："125 加 357 加 567 等于多少？"但"小爱同学"直接"下班"，不再回答，全场哄笑一片。

语音交互是否可以广泛应用，取决于对场景的深刻理解和人工智能技术的进步。通俗地说，语音交互是否好用，取决于语音交互式机器人是否可以像人一样正常地与其他人进行语言交流。这里主要需要语音交互式机器人解决两个问题：一方面是语音识别的准确性，它不仅取决于硬件设备的识别精度，还需要在各种场景下进行语义理解；另一方面，需要在与人语音会话时能实现对等知识的交流，这反映了对知识的掌握程度。

语音交互与图形文本交互不同，图形文本交互可以实现准确识别，例如与机器人客服的对话，只要用户的输入信息无误，则机器可以识别并理解它。但语音在识别时通常会产生多种含义，机器很难准确地识别出这种具有大量人类语言不准确性的内容。并且在各种嘈杂的环境中，如果要像人一样自然、持续、双向、可打断地交流，整个交互过程需要解决更多问题。

目前，语音交互技术仍然面临着巨大的挑战，在复杂环境和不确定的情况下，语音交互式机器人也很难理解用户的行为和真实意图。若要在不同的场景中，为用户提供满意的语音交互服务，软硬件技术都还任重道远。

7.3 实验6：语音识别和语音合成

7.3.1 实验目的和类型

1. 实验目的

了解语音合成的原理，熟悉常用的 TTS（语音合成）引擎，掌握移动端语音播报功能的实现办法。

2. 实验类型

演示性实验。

7.3.2 实验内容

说明：实验内容分为"能""会""熟练操作""熟悉""认知"几个层次。实验要求指学生通过本实验课程的学习，所要达到的知识和能力水平。

1）了解语音识别的原理，熟悉常用的 ASR（语音识别）引擎。
2）熟练操作 App Inventor 实现安卓端语音识别功能。
3）了解语音合成的原理，熟悉常用的 TTS（语音合成）引擎。
4）熟练操作 App Inventor 实现安卓端语音合成功能。

7.3.3 实验仪器、设备

1）App Inventor（http://app. gzjkw. net/）。
2）安卓手机一部（模拟器无法调用语音唤醒和语音识别）。
3）百度 AI 开放平台（https://ai. baidu. com）。

7.3.4　实验原理

1. 语音识别

App Inventor 官方自备的语音识别器组件本身并没有语音识别的功能，而是通过调用其他程序来实现语音识别功能。如果没有安装其他语音识别程序，运行该组件则会报错。

本实验拟使用百度语音中的语音识别接口。

2. 语音合成

App Inventor 官方自备的语音合成器组件默认调用安卓的 Pico TTS 引擎，但是该引擎不支持中文。本实验拟使用百度语音中的语音合成接口。

3. 语音唤醒

语音唤醒，通常是指当检测到特定的语音指令（即唤醒词）时，可使设备（手机等）直接进入到等待指令状态，从而开启语音交互的第一步。

语音唤醒往往和语音识别技术结合，用于检测语音开始的位置，替换掉语音识别按键。比如在 iPhone 中，用"Hey Siri"作为唤醒词，一旦检测到唤醒词，则开始录音，并进行语音识别。

7.3.5　实验步骤及要求

1. 准备工作

1）打开百度 AI 开放平台官网（https://ai.baidu.com），见图 7-2，单击右上角的"控制台"按钮，登录之后界面见图 7-3。单击其左侧栏中的"百度语音"按钮，则显示相应的内容，如图 7-4 所示。

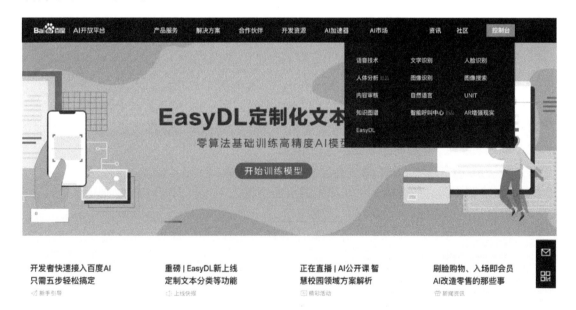

图 7-2　百度 AI 开放平台

2）在"百度语音"页面中单击"创建应用"按钮，输入一个好记的应用名称，并在底

图 7-3 百度 AI 控制台

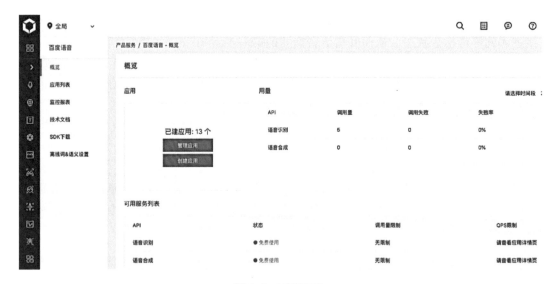

图 7-4 百度语音

部选中"Android"单选按钮，并输入 App 包名[⊖]，类似图 7-5 所示。

  注：此处包名必须以 wxbit. 开头，这是为了和后面在 wxbit 网站里创建的 App 相配合。

  3）创建应用完毕之后，单击"查看应用详情"按钮，页面见图 7-6，其中的 AppID、API Key 和 Secret Key 在后面的步骤中将会用到。

  4）在"应用详情页"中单击"查看文档"按钮，找到语音唤醒的文档，见图 7-7，点开"自定义唤醒词"后的链接，并在弹出的页面中输入一个辨识度较高的唤醒词"亚力山大"（或其他合适的唤醒词）并评估，见图 7-8。

  5）使用相同的办法，再评估"打开车门"和"关上车门"这两个唤醒词。

  6）勾选刚才添加的所有唤醒词，导出并使用默认名 WakeUp. bin 保存对应的唤醒词文件。

 ⊖ 包名是一个应用的唯一身份标识，无论 App 叫什么名字，只要包名一样，系统就认为是同一个 App，重复安装的时候就会覆盖。

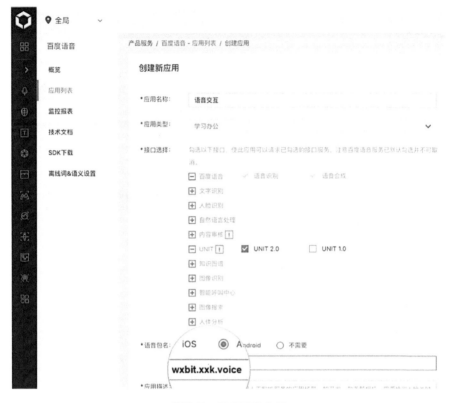

图 7-5　创建语音应用

图 7-6　应用详情

2. 界面设计

1）在 App Inventor（https://app. wxbit. com）中创建新工程，设置屏幕的背景色为黑色，并设计界面见图 7-9。其中的百度语音唤醒、百度语音合成和百度语音识别组件，都是

图 7-7　语音唤醒文档

图 7-8　自定义唤醒词

wxbit 网站独有的封装了百度语音技术的人工智能组件。

2）选中 Screen1，设置应用包名，如图 7-9 右上方所示。

注：这里的包名，应该是在百度 AI 开放平台中申请的语音应用里设置好的、不带 wxbit 前缀的包名。

3）分别设置三个百度语音组件的 AppID、AppKey 和 SecretKey 属性，见图 7-10，其值皆可从百度 AI 的应用详情页（见图 7-6）中找到。

注：后台唤醒功能，会加速电量消耗，请谨慎使用。

4）在"百度语音唤醒"组件中勾选"启用语音唤醒"和"启用后台唤醒"复选框，见图 7-10。并建议在"百度语音识别"组件中设置"识别模式"属性为"输入法模式，加强标点"，见图 7-11。

注：考虑到之前设置的唤醒词"亚力山大"明显为男性名，故而建议把"百度语音合成"的"发言人"属性设置为"男性"。

5）在页面右下角单击"上传文件"按钮，将"准备工作"中导出的 WakeUp. bin 唤醒词文件上传到项目中，见图 7-12。

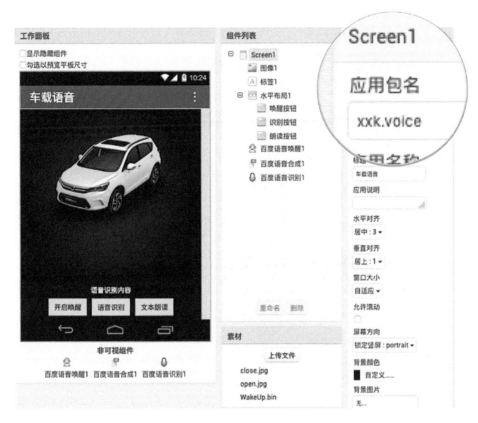

图 7-9　界面设计

图 7-10　语音组件的 AppId 等属性

注：只有上传了 WakeUp. bin 唤醒词文件之后，语音唤醒功能才可能识别出在图 7-8 设置好的唤醒词。

6）上传图片素材"open. jpg"，这是打开车门的车辆图片。而图像组件中的默认图片为"close. jpg"，即关闭车门的车辆图片。

图 7-11　百度语音属性设置

图 7-12　上传唤醒词

3. 逻辑设计

1）切换到逻辑设计工作区，为识别按钮添加"被点击"事件，在其中让百度语音识别组件开始工作，见图 7-13。

2）为百度语音识别组件添加事件，见图 7-14，使得语音识别过程中的按钮文字为"正在识别……"，且及时将识别出的文字显示到标签中。

图 7-13　开始语音识别

3）为朗读按钮添加"被点击"事件逻辑，见图 7-15，使得单击该按钮时可以朗读出标签中的文本。

注：百度语音合成组件中可以设置男声、女声等多种发言人的声音。

4）为百度语音唤醒组件添加事件，见图 7-16，即当检测到唤醒词"亚力山大"时，开始语音识别；而当检测到"打开车门"或"关上车门"时，则更换车辆图片为 open.jpg 或

close. jpg。

图 7-14 语音识别事件

图 7-15 百度语音合成

注：因为包名不同，所以百度语音组件无法在 AI 伴侣中调试运行，只有生成 App 再运行，才可能观察到唤醒、识别等效果。

5）在 App Inventor 的"生成 APK"菜单中生成对应的 App 并安装在手机上，运行并观察效果。如图 7-17 所示，当喊出唤醒词之后，则将更换相应的图片，或是在标签中显示后面的语音内容（比如喊："亚力山大，你知道无人驾驶吗？"则将在标签中显示"你知道无人驾驶吗？"）

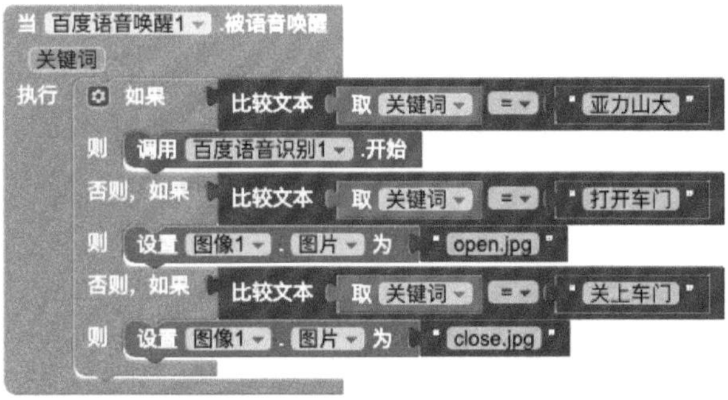

图 7-16 语音唤醒事件处理

图 7-17 运行效果

6）有些品牌的手机（华为等），过一段时间没有进行"唤醒"，则百度语音唤醒组件可能会被自动关闭。可为"唤醒按钮"添加逻辑设计，见图7-18，即当单击此按钮时，手动再次开启语音唤醒功能。

图7-18 开启唤醒

7.3.6 实验注意事项

仔细查看准备工作（见图7-6）和界面设计（见图7-9）中包名的设置。如果包名错误的话，语音唤醒功能将不能成功使用。

7.3.7 思考题

文本转语音作为语音输出，可以丰富软件的应用，如自动朗读短信、朗读小说等，特别适合不方便阅读（如开车、做饭时）时使用。

7.4 对话设计

用于GUI（图形用户界面）的设计理念在语音交互这个全新的领域将不再适用，而VUI（语音用户界面）设计的新浪潮将基于"对话"，这是我们最先学会而且最擅长的交流方式。语音交互需要在有限的对话内，分析用户的意图并做出正确的回应。换句话说，VUI是完全以用户为出发点的技术，而GUI更多的是让用户在引导下完成指定的任务。

对话系统（对话技能、对话机器人）的研发对于大多数开发者而言是一件很困难的事，对技术和数据的要求都很高。好在近年来涌现出了不少较为成功的对话式人工智能开发平台，比如百度UNIT（https：//ai. baidu. com/tech/unit）、科大讯飞AIUI（https：//aiui. xfyun. cn）、思必驰（https：//www. dui. ai）、威盛的欧拉蜜NLI（https：//cn. olami. ai）和图灵机器人（http：//www. tuling123. com）等。使用这些开发平台，可以极大地简化语音交互产品的设计与制作难度，让用户只需通过几个简单的步骤和代码，就能让自己的应用程序或设备更加智能、更加人性化，并提供更佳的用户体验。

国际数据公司（International Data Corporation IDC）在《对话式人工智能白皮书》中为对话式人工智能平台作了定义[58]：机器要实现与人的自然交互，需要能够被唤醒，可以识别和理解人的对话并且给出让人满意、感觉非常自然的反馈。具备这些核心技术能力的平台即为对话式人工智能平台。

当前的对话式人工智能平台中（见图7-19），对话基本分为两种[59]：

1）开放领域⊖（Open Domain）对话产品，以微软小冰为代表。

⊖ 领域（Domain）：指同一类型的数据或资源，以及围绕这些数据或资源提供的服务。比如"天气""音乐""酒店"等。

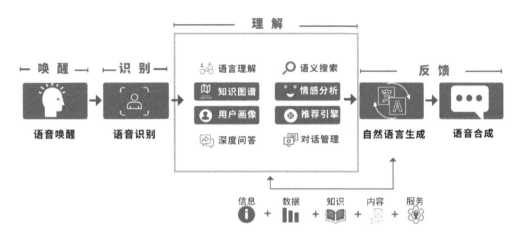

图 7-19 对话式人工智能平台[58]

2）任务导向（Task Oriented）对话，以苹果 Siri 为代表。

以目前的技术水平，在开放领域对话中，真正做到理解用户的每句话尚无可能，所以现在的开放领域对话更像一个检索系统，只为用户的输入匹配一个答案而已，能力非常有限。

而任务导向的对话局限于某一领域，以类似"订机票""查询天气"这样单一任务为导向的对话还是比较可行的，并且用处也非常广泛。任务导向的语音交互流程大致如图 7-20 所示。

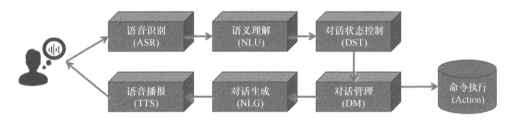

图 7-20 语音交互架构

语义理解（Natural Language Understanding，NLU）可以说是整个语音交互中最核心的部分，整个 NLU 模块基本上只做两件事，那就是对用户意图（Intent）[⊖]的理解，和对用户表达的语句中词槽（Slot）[⊖]的解析。

举例来说，当用户表达"北京明天的天气怎么样"这句话，我们通过 NLU 模块解析出如下内容：

领域：天气。

意图：查询天气。

词槽：①城市＝北京；②时间＝明天。

⊖ 意图（Intent）：对于领域（如天气、订餐、音乐等）数据的操作，一般以动宾短语来命名，比如音乐领域有"查询歌曲""播放音乐""暂停音乐"等意图。

⊖ 词槽（Slot）：用来存放领域的属性，比如音乐领域有"歌曲名""歌手"等词槽。

7.5 实验7：对话交互

7.5.1 实验目的和类型

1. 实验目的

了解 VUI 和 GUI 的区别，熟悉 VUI 设计的基本规范，基本掌握移动端 VUI 设计的流程和方法。

2. 实验类型

设计性实验。

7.5.2 实验内容

> 🎯 说明：实验内容分为"能""会""熟练操作""熟悉""认知"几个层次。实验要求指学生通过本实验课程的学习，所要达到的知识和能力水平。

1）了解 VUI 和 GUI 的区别。

2）熟悉 VUI 设计的基本规范。

3）掌握移动端 VUI 设计的流程。

4）熟悉国内常见的对话式人工智能开发平台。

7.5.3 实验仪器、设备

1）App Inventor（http://app. gzjkw. net/）。

2）安卓手机一部（模拟器无法用语音唤醒和语音识别）。

3）欧拉蜜开发平台（http://cn. olami. ai）。

4）KleyberTool. aix 组件（http://t. cn/EUFToyu）。

7.5.4 实验原理

对话式人工智能平台有许多，但考虑到易用性和可扩展性，本实验选用威盛公司的欧拉蜜自然语言语义互动（Natural Language Interaction，NLI）管理系统实现对话设计。欧拉蜜 NLI 系统是一套较为方便的在线语义解析管理工具，让即便没有软件研发背景的使用者也能轻松快速的维护包含语义扩展及答案的智能对话流。

对于开发者而言，NLI 系统对自然语言语义理解 API 提供了强大的支撑，在 NLI 管理系统上维护的语义描述，其相应的答复能够选择以文本输出或语义输出，可为使用自然语言语义理解 API 的客户端提供更为丰富灵活的信息，让开发人员设计出更好的智能对话体验或服务。

7.5.5 实验步骤及要求

1. 准备工作

1）打开欧拉蜜官网（http://cn. olami. ai），登录单击右上角菜单进入 NLI 系统，见图 7-21。

图 7-21　欧拉蜜 NLI 系统

2）在 NLI 页面中点击中间的"创建新应用"按钮，在出现的面板中填写应用名称（如"语音交互"）、应用类型和应用描述，然后单击"提交"按钮，"语音交互"应用创建成功，见图 7-22。

图 7-22　创建"语音交互"应用

3）创建应用后，单击应用底部的"配置模块"按钮，显示如图 7-23a 所示的当前已在 NLI 系统中设置过的 NLI 模块（新用户在这里应该是空白的）。切换到对话系统模块，则会在其中列举出可以解析的所有对话模块，如图 7-23b 所示。单击"取消"按钮，取消不必要的对话模块，如图 7-23c 所示，然后单击底部的"保存设置"按钮。

147

a) NLI 模块　　　　　　b) 对话系统模块初始状态　　　　c) 对话系统模块设置

图 7-23　配置模块

注：本实验仅实现了天气、日期、百科、搜索、聊天和笑话这 6 个对话模块。

4）在应用面板中点击"测试"按钮，弹出"测试参数"窗口，见图 7-24，这些参数，也就是未来进行对话交互时要传递的参数。

图 7-24　"测试参数"窗口

5）在测试参数窗口底部的 text 栏输入想要对话的文本（比如"北京明天的天气怎么样"），并单击"测试"按钮，则会再弹出一个对话测试面板，见图 7-25，其下半栏显示服务器响应得到的 JSON 文本。可以尝试着输入多个不同的测试语句，查看服务器反馈的 JSON 文本的结构，以及内容是否符合预期。

图 7-25　测试语句和响应 JSON

6）在测试参数页（见图 7-24）单击右上角的"查看详细文档"链接，可以打开官方的开发文档，见图 7-26，在文档中显示了调用 API 的参数和结构等信息，有必要先好好阅读一下文档再开始编程。

2. 界面设计

1）在 App Inventor（https://app.wxbit.com）中打开实验 6 的项目，并另存为一个新项目，调整并设计界面，见图 7-27。

2）原来的两个按钮移入新添加的水平布局组件中，并放于屏幕底部。

3）标签 1 中显示用户说话的声音，标签 2 中显示服务器反馈的内容。

4）将标签 2 移入新添加的垂直布局组件中，并设置该垂直布局组件的高度为"充满"。

5）在垂直布局组件内部、标签 2 下方添加一个网页浏览框，高度也设置为充满，并设置其"是否显示"属性为"否"（即在默认的运行情况下，只显示标签 2，而不显示网页浏览框）。再设置网页浏览框的忽略 SSL 证书错误、开户授权提示、显示缩放控制、允许使用位置信息属性皆为"否"。

6）设置计时器组组件的"一直计时"属性为"否"。这里不需要用它计时，只需要用到此组件的"获取当前毫秒数"的功能。

7）在工具箱底部找到"扩展"栏，单击"导入扩展"按钮，见图 7-28，将 Kleyber-Tool. aix 组件添加进来。

注：KleyberTool. aix 组件用于字符串的 MD5 加密。

图 7-26 开发文档

图 7-27 界面设计

图 7-28　导入扩展组件

3. 逻辑设计

1）切换到逻辑设计工作区，原来实验 6 中的语音唤醒和语音识别的代码需要全都保留，不必做任何修改。

2）添加一些全局变量，见图 7-29，这些变量都是开发文档中提到的 API 参数，见图 7-24。

图 7-29　全局变量

注：开发文档中说 cusid 是终端用户识别码，用于区分各个终端用户，有了它才可以区分上下文，实现多轮对话。这里我们用一个较大的随机数来充当用户识别码，在一定程度上勉强可以达到目的。

3）根据官方开发文档中的《集成指南》（http://t. cn/E42Bh4v），数字签名是由 app_secret、app_key、时间戳和 api 参数（这里是 nli）拼接后经 MD5 加密[⊖]而生成的。此生成数字签名的过程较为复杂，因此添加将其定义为一个"过程"，见图 7-30，具体代码见图 7-31。由于时间戳是随时变化的，这里作为过程的参数传入。

注：字符串中一定不要出现不必要的空白字符。

4）根据开发文档（http://suo. im/4sJWeW），语义理解请求需要拼接的字符串应该类似 https://cn. olami. ai/cloudservice/api？appkey = your_app_key&api = nli &timestamp = current_timestamp&sign = your_sign&rq = {"data"：{"input_type"：0,"text"："你知道无人驾驶吗？"}," data_type"："stt"} &cusid = end_user_identifier。编写发送对话的 POST 请求，见图 7-32。

5）修改百度语音识别组件的"获得最终结果"事件代码，见图 7-33，使得语音识别结束时，将识别出的结果发送到欧拉蜜服务器，从而实现对话。

⊖　MD5 消息摘要算法（英语：MD5 Message- Digest Algorithm）是一种被广泛使用的密码散列函数。

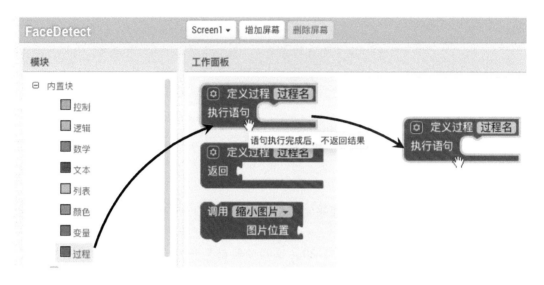

图 7-30　添加自定义过程

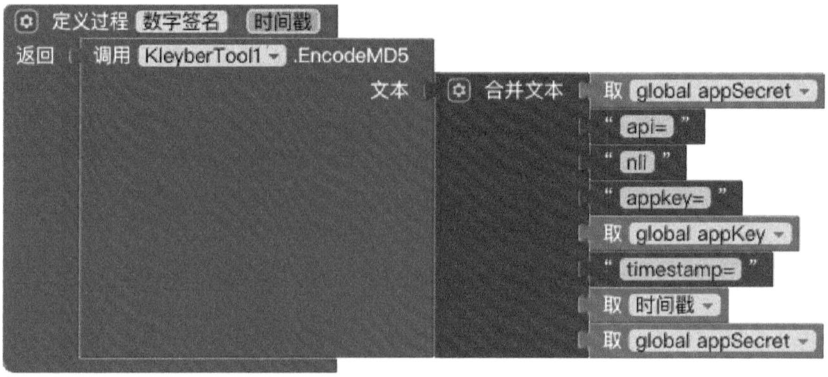

图 7-31　生成数字签名

6）查看 NLI 智能答复的说明文档（http://suo.im/5bRKnv），根据数据结构，为服务器的响应"获得文本"事件编写代码，见图 7-34，并在处理后朗读适当的字符串。为方便阅读，这里使用了若干个自定义过程（下文即将介绍）。

注：这段代码的关键是获取服务器响应内容中的 type 字段，然后根据其值来调用相应的功能模块（代码实现见后文），比如 type 值为 baike 则调用百科模块、type 值为 openweb 则调用搜索模块、type 值为 joke 则调用笑话模块，其他情况则直接显示标签 2。

7）自定义一个带返回值的过程"获得 nli"，见图 7-35，用于解析 JSON 字符串，从中获取 data 字段下的 nli 字段的内容。

8）自定义一个带返回值的过程"获得 result"，见图 7-36，用于解析前文获得的 nli 结构，从中获取 desc_obj 字段下的 result 字段的内容。

9）自定义一个带返回值的过程"获得 data_obj"，见图 7-37，用于解析前文获得的 nli 结构，从中获取 data_obj 字段对应的列表，并返回该列表中的任意一项。

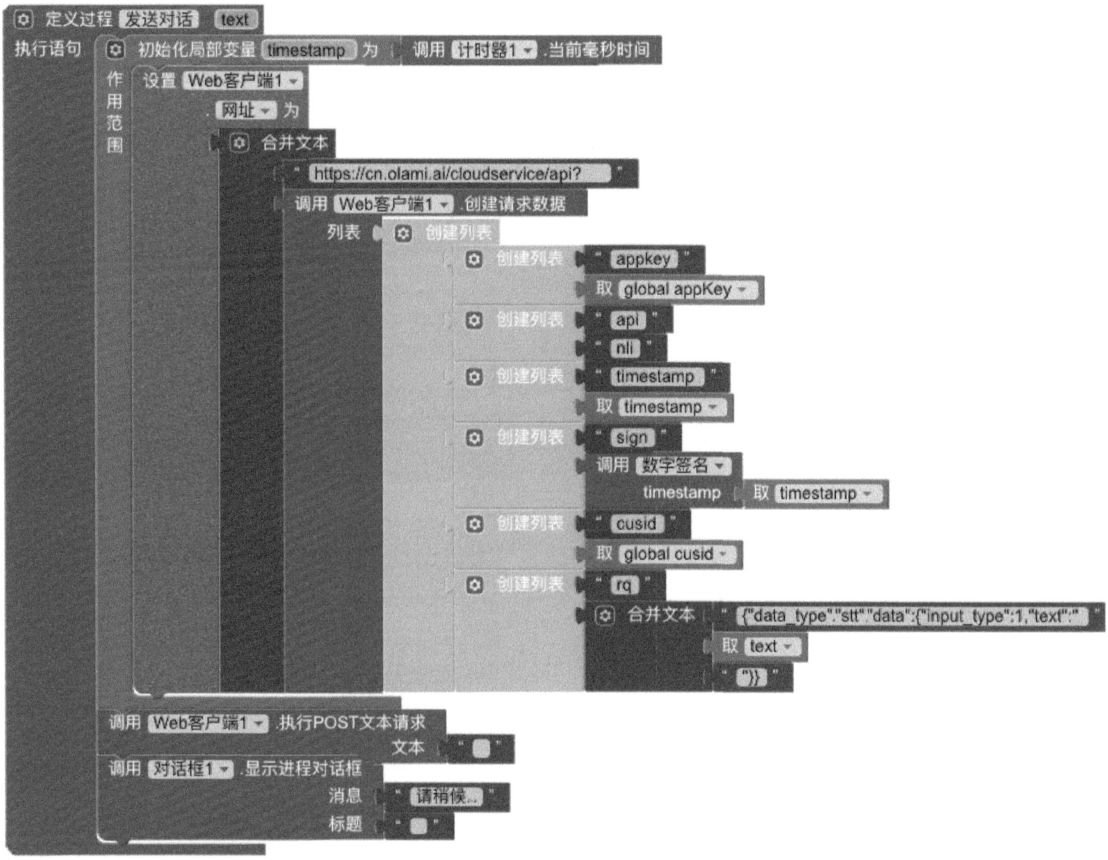

图 7-32 发送对话的自定义过程

图 7-33 修改语音识别事件

10）自定义过程"百科模块"，见图 7-38，用于处理 data_obj 数据中的内容，将 description 字段显示于标签 2 中，显示并让网页浏览框跳转到 photo_url 字段对应的网址。

11）自定义过程"搜索模块"，见图 7-39，用于处理 data_obj 数据中的内容，显示并让网页浏览框跳转到 url 字段对应的网址。

12）自定义过程"笑话模块"，见图 7-40，用于处理 data_obj 数据中的内容，将 content 字段显示于标签 2 中。

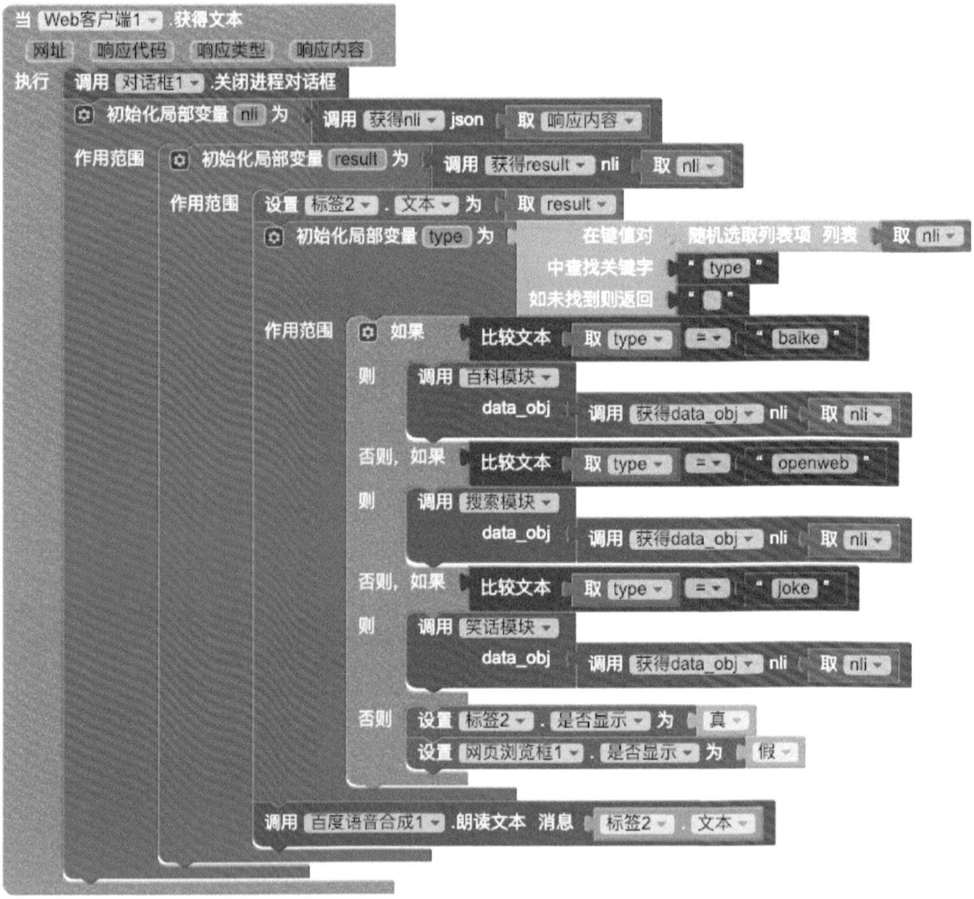

图 7-34　服务器返回内容处理

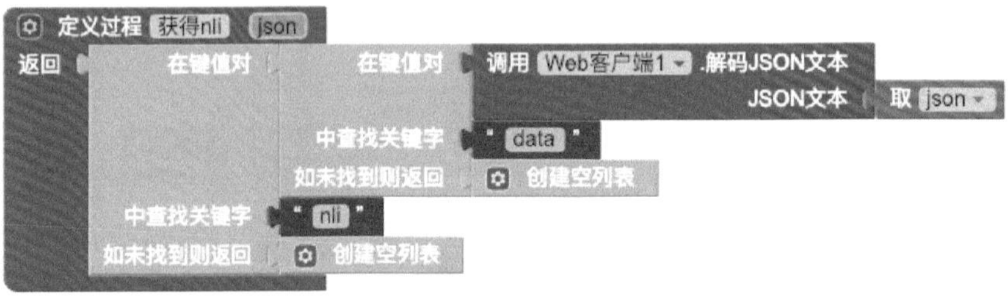

图 7-35　解析数据得到 nli 字段内容

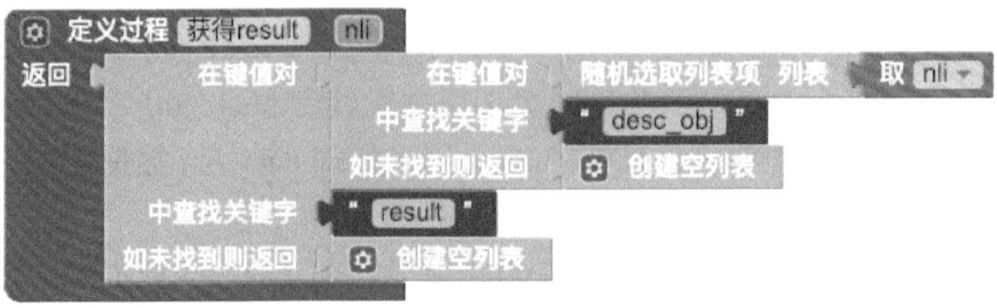

图 7-36　获得 result 字段内容

图 7-37　获得 data_obj 字段内容

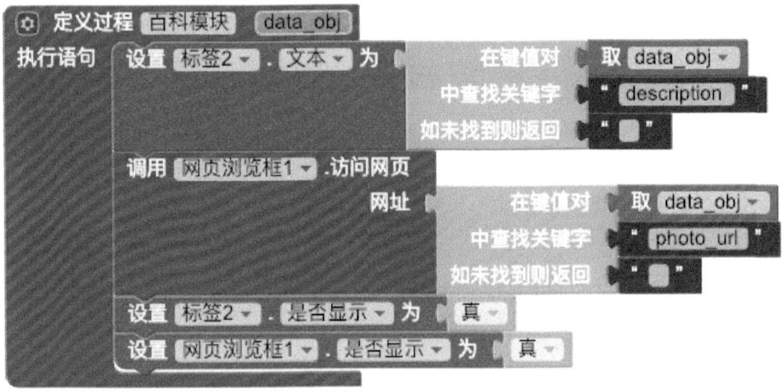

图 7-38　百科模块处理代码

图 7-39　搜索模块处理代码

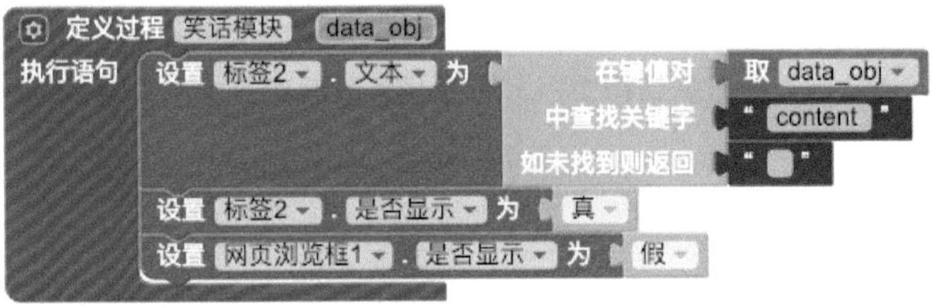

图 7-40　笑话模块处理代码

13）打包生成 apk，安装在安卓手机上后的运行效果，见图 7-41。

图 7-41   对话交互运行效果

7.5.6   实验注意事项

1）仔细阅读官方文档中的《集成指南》，拼接数字签名时，顺序必须正确，也不能出现多余的空白字符。

2）仔细阅读智能回复的数据结构文档，解析服务器返回数据时，对应的结构和字段名字务必保证正确。

7.5.7   思考题

1）试在本实验的基础上，增加 poem、news、translate、shopping 等模块的对话。

2）尝试在 NLI 系统（http://t.cn/E44t0wi）中创建自己的 grammar、rule 等内容，使得本 App 可以回答欧拉蜜官方模块之外的问题。

7.6 习题

1. 调研现在国内常用的对话式人工智能开发平台，试对比其技术指标。

2. 设计一个好听且不易出错的唤醒词。

3. 通过搜索引擎，找到《谷歌对话式交互规范指南》，阅读并思考 VUI 和 GUI 的关系和区别。

4. 调研并思考车载语音交互的界面设计。

第8章

智能交互技术的
设计与评价

8.1 智能交互技术设计思路

当前，智能交互技术在多通道、多媒体的智能人机交互方面取得了丰硕的研究成果，越来越多的智能交互产品出现在人们的生活中。这些产品在视觉交互、语音交互或是其他新奇的智能交互形式上带给人们更多的便利，它们在智能家居、智能交通、智能办公等领域推陈出新，也是目前人机交互发展的必然趋势。

智能化人机交互产品已经逐渐开始改变人们的行为方式和生活方式，随之出现了新的人机关系。智能化交互产品的发展不仅依赖于人机交互技术的发展，更依赖于不断发展的交互设计。实现优质的、智能化的交互设计涉及多方面的问题，理清智能交互产品的设计思路，能为产品的设计和开发提供捷径。

> 智能交互设计是一个系统的解决方案，包括服务模式、商业模式、产品平台和交互界面的一体化设计。

可以通过一系列的设计方法，帮助完成某项产品的交互任务。对于智能交互产品，交互设计所解决的问题就是在产品的全部使用过程中，为用户的各种需要提供明确、周到的操作引导和结果反馈。并按照提供产品服务的流程，解决用户在使用前、使用中和使用后遇到的各种困难，从而在操作效率、认知、情感等方面满足人们的要求，提高智能交互产品的易用性、满意度和用户体验。

这里以一个平开门的门锁作为一个交互产品实例进行描述，见图8-1，要打开一个平开门需要一个把手作为操作工具。若将门把手做成弯折、凸出的横向圆柱形器物，就会给用户提供明确的操作引导——手握把手向下旋转，这符

图 8-1 易用的门锁交互设计

合人体工程学的操作逻辑。用户操作旋转时听到"咔嚓"的响声就得到了一个反馈——门锁被打开，可以知道随之拉动门把手可打开房门。紧挨着门把手的锁孔清楚地提示用户：如果旋转门把手无法打开房门便需要钥匙插孔开锁。这种设计就从引导和反馈两种模式带给人们清晰的、方便的交互设计体验。从使用角度出发进行人机交互设计是该类产品设计的主要思路。

智能交互设计的展开是一个从交互研究到交互设计的过程。它包括了需求分析、用户研究、设计服务流程、智能交互接口定义和设计交互原型界面几个环节。

1. 需求分析

需求分析就是搞清楚要设计的交互产品所要解决的问题。设计被用户所认可就是解决用户在使用和体验上的痛点，满足他们的需求并给予惊喜。需求分析不单单是针对智能交互产

品，对于所有产品几乎都适用。进行需求分析的方法有很多，例如通过问卷调查、访谈或调研获取需求数据，找准市场定位及面向的用户。需求分析可以使我们更加准确地获得用户特征以及现有产品中设计的不足，从而为下一步的用户研究工作提供基础。

2. 用户研究

对于智能交互产品设计，用户研究是指对产品使用者的研究。其中产品主要面向的使用者是用户研究的主要对象，而其他少数使用者和其他关联人员是用户研究的次要对象。用户研究的目的是了解和掌握特定交互产品的使用人群的功能需要、使用动机、认知和行为习惯、安全性要求、个性化要求等。

用户研究需要选择适当的方法，并进行数据统计和分析。用户研究的第一个步骤是要完成用户调研，采取调查法、实验法等获得相关数据，并做相关性分析，发现对使用效率和用户体验影响最大的因素。用户研究涉及个性因素、心理因素、生活方式因素、环境因素等。

3. 设计服务流程

智能交互提供的服务是涉及多环节、多场景、多对象的系统过程，产品服务流程是将服务过程中涉及的人、物、环境等联系起来的线索。在进行交互产品设计之前，必须理清产品服务的流程，将每个环节涉及的人、物、环境以及他们之间的互动关系进行详细分析。在以智能交互产品为设计主体的服务设计研究中，则要将产品所能提供的服务流程进行分解，指出流程中每个环节完成的任务，从而为进行实际的功能设计提供支持。

4. 智能交互接口定义

在现实生活中，智能交互产品提供的服务往往通过人机交互接口实现，这涉及人与产品进行交互的软件界面或硬件设施。在进行产品设计之前，要首先考虑人机交互接口的定义，优秀的接口定义为产品服务环节提供强有力的承接和引导。

在为智能交互产品定义交互接口时，要从服务前、服务中和服务后三个阶段考虑，分析每个阶段的不同服务内容，画出服务流程图。根据流程图，设定产品与人的最优交互方式来提供最有效的人机交互接口。将这些接口作为产品交互硬件或界面设计的节点，从用户体验的角度出发，应用多通道设计的理念，简化认知难度，给予接受服务者充分的信息引导和愉悦的心理体验。

从产品的动态服务角度看，智能交互产品为人提供的服务不仅在其使用过程中，产品的购买、学习使用、维护、废弃等也属于服务设计的范畴。给予用户愉悦的使用体验也同样包含了这些环节。

5. 设计交互原型

智能交互产品提供的服务主要通过产品界面的设计来初步实现。在完成了用户研究之后，根据用户调研得到的结论对智能人机交互产品进行设计。本书第4章介绍的交互界面的原型设计的主要内容是信息架构和交互流程及方式的设计。要按照功能需求和服务流程，进行交互流程界面设计，绘制交互流程界面草图，并对流程图进行优化测试，使流程达到最简便、高效和自然的效果。

智能交互产品的服务设计实质上仍然是以实现服务为目的的产品设计，它主要通过交互界面的设计来实现。而交互界面的设计又是以服务流程、服务接触点、用户研究为设计依据。因此，要完成智能交互产品的服务设计必须要做好充分的前期研究工作，根据具体的产品做出服务流程规划，设计完善的服务接触点。同时在系统原型界面设计时结合设计美学、设计心理学等，考虑人们的认知特点和行为习惯，设计出美观、高效的原型界面。

8.2 智能交互产品设计的相关因素

人机交互设计涉及与产品服务提供过程相关的一系列因素[60]。这些相关因素包括产品使用者、交互产品设施、产品服务过程和提供服务的环境等。

> 智能交互产品服务：在特定的环境下，智能交互产品为产品使用者提供完备的产品服务过程。可以看出，产品设计的因素就是人、物、服务和环境。

1. 产品使用者

产品使用者即产品面向的用户，是产品交互的直接参与者。产品为用户提供服务时，直接的产品使用者以及在服务过程中所涉及的其他人员都可称为用户。服务中所涉及的其他人员，指与服务接受者共同处在服务环境中，能感知到服务过程，并受到服务过程影响的人。

例如，人们在公共场所使用提款机、购票机、查询机等交互产品时，这些设施的直接使用者和附近的非使用者都能够通过听觉、视觉等感觉器官感受到服务过程，并受到服务过程的影响，因此，这些直接或间接的产品使用者都是交互设计需要考虑的因素。举例来说，人们进入影院看电影前需要购票，传统的方式是人工售票。现在有了自动售票机，设计者希望通过感官体验吸引从未使用过的用户参与体验。由于当前影院观影还是以年轻人为主，为吸引青年人，售票机的交互设计需要针对该类用户设计出时尚、便利、多媒体、多支付模式的售票交互模式。如图8-2左图为一种影院自动售票机的设计，多媒体大屏带来时尚感，二维码支付带来便利性，现金和银行卡入口提供多种支付手段，另外，提供优惠券能够更多地吸引年轻用户前来体验多种消费服务（如小食、休息厅娱乐设施等）。

根据面向主要用户的年龄、性别、知识水平、经验、行为习惯、认知能力等基本信息，不同的产品设计会影响服务的效率和结果。这些因素对产品设计的交互模式、操作难易程度、信息反馈通道等有直接的决定作用。如医院化验单自动打印机主要针对老年人用户使用，对于这类用户使用交互产品的经验较少，反应能力下降，在使用该类交互产品时，复杂的交互设计易发生错误，并由此会产生一些负面的产品体验。图8-2右图为针对老年用户的医院化验单自动打印机交互设计，插入诊疗卡或医疗卡便可打印化验报告，简便的交互设计更能够方便老年用户体验。

因此，在服务设计展开之前，要先完成对产品服务所提供的用户研究，针对用户的特点提供符合他们能力的服务设计方案。

2. 交互设施和产品

人机交互需通过载体来实现，对于通过人机交互产品提供的服务，产品本身就是服务的载体，用户通过与产品的交互来接受服务[60]。因此，产品中的交互硬件（人机接口）及交互软件是服务提供的主要途径。产品本身的交互接口、交互界面的设计是服务设计考虑的重要因素。此外，产品造型所体现出的亲和、友好的感觉，乃至于产生趣味、象征等联想，从心理方面会给用户提供积极的情绪和情感体验。

另外，实现一项服务可能需要多个智能人机交互产品共同完成，这些产品存在着使用

图 8-2 针对年轻用户的影院售票机与针对老年用户的化验单打印机交互

的先后顺序关系或并行选择关系，因此在构思每一个产品的服务设计时不能孤立地考虑其中一个产品，而需要将服务系统中涉及的各个产品构成一个系统，在交互方式、流程等方面做系统设计，以提高服务的实现效率和易用的用户体验。如一个完整的智能家居服务系统，见图 8-3，应用于家庭的安防、智能电器、环境调节、照明控制等的智能家居交互，通过图形化应用界面、语音、手势等多种交互模式进行人机交互。因此，该系统需进行统一的交互模式设计，否则会降低服务实现效率，并且对使用的正确率产生一定的阻碍。

3. 产品服务过程

产品服务是一个系统性的工程，它通过服务过程将与服务相关的人和物连接起来。服务过程中的任何环节都可以影响服务的效率和效果，因此，在服务设计中需要研究和分析服务过程，设计合理的服务环节，优化服务内容，使服务实现高效和便捷。如图 8-2 中的化验单打印机，屏幕上要有必要的说明来提示用户插卡取化验单；插卡后提示用户当前是否可以打印，以及如果不能打印需给出估计等待的时间；打印单据后提示用户拔出卡片取走单据。这是一整套交互产品的服务流程，交互设计必须按照流程进行以提供给用户便捷的操作体验。

4. 交互产品的服务环境

智能交互产品的服务环境，包含产品与人所处的物理环境。不同的场所，人的交互手段

图 8-3 多智能产品关联的人机交互系统——智能家居

需求也是不同的。服务环境对服务关联者的情绪、情感、认知水平、体验效果等有显著的影响。因此，在对智能交互产品进行服务设计时，需要综合考虑服务环境因素。例如，在应用于智能网联车辆的交互设计时，需考虑车辆行驶时，驾驶员对于车辆的交互控制，方便的语音交互是该类产品重点考虑的内容，见图 8-4。

图 8-4 语音交互在驾驶环境中是重要的交互方式

8.3 智能交互产品设计的质量评价

概括地说，用户使用产品的目的是能够方便高效地完成产品提供的、用户期望完成的任务，而不在于产品设计的本身[61]。因此，交互产品的质量评价必须以任务为基础、由用户作用于服务对象来进行。根据智能交互产品设计的不同阶段，交互产品设计的评价也分别可以描述为交互需求评估、交互设计评价、服务任务评价及交互性评价。

8.3.1 交互需求评估

在做交互产品初期，需进行功能的需求分析，这决定了产品设计的方向和预期目标。交互需求的评估主要评价需求分析的有效性和合理性，因此在交互产品的需求分析完成后进行，也可以与需求分析同时交叉进行。交互产品最终的成败在于用户使用时的满意程度，这是以用户为中心的产品的基本需求评估思路。因此，要达到满足用户满意的目标，就要从用户使用的需求出发，评估需求满足度。

产品的设计者无须关心产品使用者的身份信息，而是需要了解使用者区别于其他人群的具体特征，例如主要的年龄区间、对于知识的掌握程度及文化背景等。这是因为，由于产品设计、开发的局限性以及不同用户需求的互斥性，单一产品往往不能满足所有用户的需求。因此，交互产品往往针对特定用户群体进行精准设计。需求分析必须对交互产品的用户特征进行细致的描述，分析用户的行为习惯并应用到产品需求分析中。好的产品需求分析往往有针对、有侧重，不一定是面向大人群，只需对重点满足特定人群需求即可。

另外，尽管交互产品需求分析的重点是要以用户为中心，满足用户基本需求，但也要对产品使用场景进行细致的描绘，即产品功能的需求是特定的人在特定的环境下完成特定的任务。用户在使用产品时，短期内可能会随着外在条件影响的各种因素而发生心理和行为的变化，因此要考虑外界环境因素对于用户行为的影响，这就是产品使用场景对于使用需求的影响。图 8-5 描绘了合理的产品需求分析的基本模式。

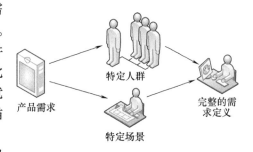

当然，在允许范围内，需求分析也可以扩展到更多人群或更多的场景，以扩大产品的应用范围。

图 8-5　合理的产品需求分析模式

8.3.2 交互设计评价

智能交互产品的核心在于产品的交互设计，如何评价设计的合理性和优势是交互设计评价的主要任务。合理的需求分析为产品设计提供了用户特征和特定场景下的用户行为，这就使产品设计获得了丰富的背景素材。将这些素材通过系统的方法合理地运用到产品上并实现既定的功能，是产品交互设计的主要内容。

在完成交互设计时，可以运用多种手段对交互设计进行全方位的评价。例如，对象视图法——以特定用户对象的角度看待交互设计，可以完成对于交互设计的评价。

假定图 8-6 为两种为老人设计的看护机器人，需要进行交互设计评价。两个机器人均具

图 8-6　交互设计评价举例

备了视频检测、智能监护、一键报警及多媒体娱乐功能，左图中的看护机器人还具备了自动跟随看护功能，右图中的看护机器人具备辅助扶手可方便行动不便的老人进行辅助康复锻炼。两种看护机器人的外观及交互设计从表面上看都非常现代、合理，而且吸引眼球，很多功能非常具备实用价值。

但以老人的视角看待两个看护机器人，左侧的机器人具备自动行走跟随功能，非常的实用，可时刻关注老人的一举一动，可实现发现老人摔倒并报警也显得很有必要。但其设计成人形机器人的交互形式却显得不具有太多的意义。如果针对年轻用户，这样的交互设计或许更能吸引人的注意，但对于老年用户，如此交互设计可能稍显多余并增加了设计复杂度和工作量。而且，机器人本身不具备辅助扶手，如果能将老人摔倒的风险降低，便更能体现对于特定人群客户的价值。右侧的机器人显然对于特定人群和场景，其设计较为合理，简单的设计更能吸引老年用户人群使用，也降低了设计及制造成本。在具备各类监护功能的同时，针对特定辅助康复锻炼的场景显得更有实用性和现实意义。

8.3.3 服务任务评价

抛开交互设计，智能交互产品是否能很好地完成需求制定的服务任务是此评价的核心内容。评价服务任务完成的优劣，既要考虑任务完成的有效性，又要考虑其完成的合理性。

有效性即任务完成度的问题。许多同类型的交互产品，往往被设计成通过不同的方式完成同样的任务。不论采用何种方法、工具和手段，人们的有效性操作取决于人的行为和思维模式，因此交互设计一方面需考虑如何符合用户的思维模式并提供有效的任务完成帮助，另一方面也要考虑实施帮助手段的局限性问题。例如，设计一款针对于老年用户的手机 App，对于相关操作，由于目标用户为老年人，烦琐的注册、登录、用户名和密码输入，尽管可以有效地实现相应功能，但目标用户的行为限制很可能连简单的注册功能都完不成，何况烦琐的忘记密码、找回密码以及普通人都不见得看的清的验证码验证等。图 8-7 所示为两种不同的 App 的登录模式，如果目标客户为老年用户，右图的登录方式显然会更有效。

合理性指服务任务实现中的一些合理化设计问题。在保证任务实现功能有效的同时，合理化的设计也会降低交互任务实现的难度。例如，我们设计一个行车记录仪，但就功能任务来说，其主要完成行车中的影像记录功能，保证出现事故时留有证据信息。但行车记录仪也需要观看视频内容，因此一般行车记录仪会配有一个显示设备（如液晶屏）显示记录影像数据。具备了这些功能，交互产品的服务任务便完成了。但通过观察不难发现，显示设备不能像类似的智能设备（如手机、平板电脑等）一味的追求大屏幕，因为行车记录仪要安装在前置挡风玻璃上（一般记录行车前方影像），大屏幕虽然可以方便观看，但过大的屏幕会挡住驾驶人员的行车视线，见图 8-8。另外，大屏幕带来的过重的设备也会给安装带来麻烦。因此，在完成设计任务的同时，要尽可能考虑其他因素（诸如场景）带给产品完成任务的便利。

8.3.4 交互性评价

交互性评价是整个交互设计质量评价的核心环节，在服务任务达到满足的同时，对产品设计交互性进行系统分析。好的交互设计在保证用户实现服务任务舒适度的同时，也要使产

图 8-7　两种不同的 App 注册登录方式

图 8-8　行车记录仪服务任务举例

品交互的功能要简单易用，避免交互功能烦琐。

　　简单并不意味着交互设计要完成很少的功能，而是说利用很少的操作完成很复杂的功能任务，将复杂功能交互简单化这是目前智能交互设计的潮流。看起来交互简单与交互设计美观是一对矛盾体，但好的、简单易用的交互设计在带来交互便利的同时，也会带来视觉上的舒适度，见图 8-9。

　　因此，在对于智能产品的交互性进行评价时，产品交互的便利性、易用性、复杂度都是需要考虑的因素。

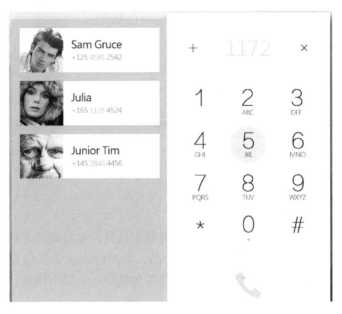

图 8-9 简单易用的手机电话本及拨号设计

8.4 智能交互设计的测试

　　智能交互产品需经过长时间的、多角度的测试才能最终投入使用。交互设计的测试主要分为开发测试和实际使用测试两种。

　　开发测试亦称功能测试，是伴随着产品整个开发过程不断进行的。开发测试主要依据设计说明、设计原型及交互接口定义进行测试，主要测试交互功能的完成情况、交互设计与原型是否匹配、交互接口是否与定义一致等问题。测试过程中，如对个别模块进行开发修正，整个系统都需要重新进行完整的测试。这是因为，个别模块的修正可能会带来交互系统的其他部分出现关联性的问题，仅仅进行修正部分的测试会使关联到其他模块出现的问题无法被及时发现，从而产生更严重的功能性问题。因此，开发中每次进行版本更新之前，都必须进行全部功能的测试。

　　实际使用测试是在交互产品投入使用之前，已经完成开发测试之后进行。智能交互产品测试在测试产品本身功能的同时，要重点测试面向特定人群的人机交互接口的便利性测试。对于开发测试来说，交互接口只需完成所定义的功能即可，但对于实际使用测试来说，实际测试是要根据特定的人群、之前定义的服务过程、整个交互产品使用过程中的便利性、愉悦性进行系统的测试。将本交互产品的优势在测试中充分体现，才真正达到了智能交互产品设计的目的。

8.5 智能交互界面设计的评价

　　智能交互产品中，具备交互界面的产品占比很大，而且优秀的交互界面可以极大地提高交互产品使用的易用性、便利性和可用度。交互界面是智能交互产品设计的重点之一。

界面设计是一个逐步逼近最优设计的重复性过程，目标是通过不断地改进设计从而接近最优设计。对交互设计界面的评价是进行迭代改进，不断优化的重要依据，见图8-10。

评价是使智能交互界面设计实现最优设计的重要环节，对人机界面设计的评价要从用户需求出发，依据产品服务的整个流程进行评价，才能使交互界面设计逐步趋近最优设计。当

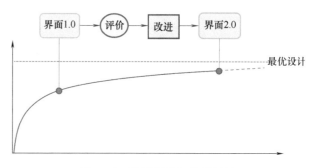

图 8-10　设计评价与最优设计

然，对于智能人机界面的交互设计，以下几点是我们设计时要特别注意的内容：

1）界面要人性化。不管是什么样的交互产品，界面都应该人性化且有自己的特色。这里所说的特色并不是界面设计处处与众不同，而是独具特色，吸引眼球，否则交互界面便会淹没于无数平凡的产品中，无法吸引用户使用。

2）互动行为。当前，大量用户在使用同一款产品（尤其是阅读类）时，一般喜欢将自己的观点与他人分享。优质的互动、留言和分享方式是用户钟情于此智能交互产品的重要因素。

3）视觉化元素。用户都喜欢漂亮美观的事物，因此，交互界面要尽可能有美观、美好的感觉。例如，每次登录一款软件，界面上呈现不同的有趣的事物，在带给用户美好的感官视觉体验的同时又不会感觉乏味，这样便能更好地吸引用户使用。

4）明确内容。界面要重点突出，给用户展现核心内容，感觉一目了然，切忌杂乱繁杂。用户看到界面，就会知道为什么要使用此系统以及基本功能要完成什么，如果需要看界面的帮助文档才能学会使用，显然不是好办法。

5）减少文字展示。尽量用图表的方式将信息展示给用户，因为大量的文字阅读会带来更多的时间消耗，用户往往会随着时间的耗费对使用该产品失去兴趣。

6）多种操作方式选择。例如，阅读类产品界面往往在阅读的结尾会有用户互动的评论内容，有些人会注重阅读本身，而有些用户往往喜欢着重观看互动评论。可以用滑动屏幕的方式一点一点翻到文章结尾观看评论，也可以用相关功能键一键翻到评论。这样设计更能体现不同用户的操作习惯。

8.6　习题

1. 如何理解用户特征对产品交互设计所起的决定作用？
2. 什么是产品服务过程？
3. 如何评价产品服务任务的有效性和合理性？
4. 人机界面设计要注意哪些问题？

第 9 章

智能交互技术前沿问题
及应用领域

9.1 智能交互技术的前沿问题

随着智能化时代的到来，大众生活发生了天翻地覆的变化，智能交互技术不断发展，目的是为了让机器更懂人，让用户更加自如操作，信息交换具有更重要的意义。以此为基础产生的智能交互技术，一方面是对交互意图的理解，我们可建立一套通过数据采集、行为建模以及人工智能的一些分类算法，最终实现特定交互任务的研究方法和体系；另一方面这也促进了人工智能的发展，将计算机技术与人工智能技术充分结合，更好服务于人类。因此，智能交互技术的研究、发展与应用已成为当今社会各界学者关注的热点问题，也是世界各国重点研究的关键技术。

理想状态下，智能交互将不再依赖机器语言，在没有键盘、鼠标以及触摸屏等中间设备的情况下，可以随时随地实现人机自由交流，从而实现人的物理世界和虚拟世界的最终融合。

9.1.1 人工智能时代的智能交互技术

当前，智能交互走向了多通道和多媒体时代，三维交互、手势交互、语音交互、触觉交互等技术发展，使人与虚拟环境之间的双向感知建立起一个更自然、更和谐的人机环境。人工智能从诞生开始，理论和技术日益成熟，应用领域也不断扩大，时至今日，《星际穿越》《超能陆战队》《机械姬》《终结者》等影片中的那些遥远的科技场景似乎正在逐渐走入生活。智能硬件的发展也已走过了两个阶段：一是联网控制，诸如五花八门的智能开关、智能插座等；二是设备联网，终端接入传感器，去触发其他设备联动。第三个阶段重点在智能交互技术的发展，终极目标就是实现人工智能，实现人与硬件的沟通，就像人与人的沟通。

让机器能听会说、能理解、会思考是智能化人机交互的未来发展方向。为此，很多企业如科大讯飞，已实现从基础的语音交互到全面的自然交互能力，并不断开拓新型智能化交互方案。除了核心的语音识别和语音合成，还有语音评测、语音唤醒、开放语义、声纹识别、人脸识别、自然语言处理等核心技术的发展都将大幅提升在智能家居、无人驾驶等领域的语音交互体验。

尤其在无人驾驶领域中，智能汽车既要"理解环境"还要"理解人"。自动驾驶一般是从理解环境的角度进行研究，而具有人工智能特征的自主驾驶要能够更完美地理解人和周边环境。车内的人机交互方式要从人面向车的被动交互开始慢慢转变成为车面向人的主动交互，它要比人更懂自己，比如行驶过程中，汽油即将耗尽了，它可以寻找旁边经常去的加油站信息，并进行实时语音播报。科大讯飞的飞鱼2.0发布时提到，未来会把理解人、理解环境这两部分完整地做到一起，用一个脑部（飞鱼AIUI）连接听觉和嘴（飞鱼对话式引擎）、眼睛（飞鱼智盒），达到多维输入，最后由后台进行数据的分析处理（飞鱼数据工场）。2018年10月25日正式发布的飞鱼OS，见图9-1，实现了多音区的交互方案，启动了汽车音效的技术升级计划，让汽车从能听会说到可以察言观色[62]。

图 9-1　科大讯飞飞鱼

随着人工智能技术发展，飞鱼 OS 提出了基于整车的多音区交互方案。飞鱼 OS 全闭环的汽车智能语音交互核心技术，包含语音合成、声源定位、窄带波束、声纹识别、智能打断、语音唤醒、语音识别、自然语言理解、听歌识曲等。此外，飞鱼可以从让汽车能听会说到察言观色，除了从声音维度的优化提升外，车内外的视觉感知能力，会让驾驶更安全。从技术角度看，飞鱼 OS 增强了汽车听、说、看三个维度的能力，听的部分在声纹识别和降噪模块的基础上增加了多音区能力；说的部分增加了 XTTS 和音效；看的部分，增加了人脸识别和疲劳识别能力。

智能机器人产业迅猛发展，无论是以无人驾驶为代表的轮式机器人，还是以服务机器人为代表的各种行业应用机器人，智能交互技术都是不可缺少的重要部分。目前，多模态交互、多人交互、情感化交互等都是该领域发展和研究的热点。

多模态交互：是将多种传感器，比如麦克风、触摸屏、摄像头、眼动仪等涉及的相关技术，融合人工智能识别和理解技术，实现多场景呈现和交互能力。在多场景下，采用多种交互方式融合，从而实现更加与人共融的平台，比如无人驾驶疲劳识别、人脸识别等能力可基于多模态交互实现。

多人交互：多人交互典型应用是多乘客间的交互，如科大讯飞已经在蔚来汽车 ES8 上实现落地，首个场景是当后排的乘客说"打开车窗"，此时，在这位乘客的一侧的窗户会被打开，但不会影响其他人的车窗。从技术上要满足整车多乘客需求，即使用多音区的交互设计技术。

情感化交互：未来让每一个人都有一个自己的 AI 虚拟个人助理，智能交互也会向类人的多情感方向发展，可依托人工智能技术，设计情感化设计语言，实现具有更加懂我能力的个人虚拟助理。

🖊 智能化的交互系统按信息传递途径分为两种体系结构：单通道交互体系结构和多通道交互体系结构。

1. 单通道交互体系结构

该体系结构包含语音、姿势、头部和视觉的交互。语音主要以语音识别为基础，借助其它通道的约束进行交互，识别率低、智能性差。姿势主要利用数据手套、数据服装等装置，对手和身体的运动进行跟踪，完成自然的人机交互。头部跟踪主要利用电磁、超声波等方法，通过对头部的运动进行定位交互。视觉跟踪是对眼睛运动过程进行定位的交互方式。诸如，语音情感[63]、姿态识别[64]、人运动分析[65]、人脸检测[66]和眼跟踪[67]。

2. 多通道交互体系结构

多通道交互体系结构简单来说是一个以多种通信通道响应交互的系统（如语音、姿态、书写和其他等)[68]。这大大提高了人机交互的自然性和高效性。例如，在参考文献［69］中对基于视觉的 HCI 进行了呈现，其重点是头部跟踪、人脸和脸部表情识别、眼睛跟踪及姿态识别。在参考文献［70］中讨论了自适应和智能 HCI，主要是用于人体运动分析的计算机视觉综述和较低手臂运动检测、人脸处理和注视分析技术的讨论。Piercarlo Dondi[71] 等人提出了关于指针检测和手势识别的方法，它利用两种不同的视频流：深度和颜色。

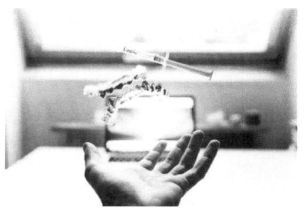

图 9-2　多通道交互在医学上的应用

计算机接收信号时，所有的指针检测和手势识别都基于几何形状和颜色的限制，并且没有必要的学习阶段，即简化了处理。整个程序的目的是保持低计算成本和优化处理，从而更有效地执行人机交互任务。图 9-2 为多通道交互在医学上的应用。

9.1.2　标准化问题

1. 国际标准化

ISO/IEC JTC1/SC35 （用户界面分委会）在优先满足不同文化和语言适应性要求的基础上，制定信息和通信技术（ICT）环境中的用户界面与人机交互规范，具体包括：

1）用户界面可访问性（要求、需求、方法、技术和促成因素）。

2）文化和语言的适应性和可及性。

3）用户界面的对象、操作和属性。

4）用于在视觉、听觉、触觉和其他感官方式（如通过语音、视觉、运动、手势）中的控制和导航系统；

5）用户界面的符号、功能和互操作性（ 如图形、触觉和听觉图标，图形符号和其他用户界面元素）；

6）ICT 环境中的视觉、听觉、触觉和其他感觉方式的输入/输出的设备和方法（ 如键盘、显示器、鼠标等设备）；

7）移动设备、手持设备和远程互操作设备和系统的人机交互要求和方法；

8）情感计算用户界面。

我国政府高度重视标准化工作，制定政策规划对标准化工作进行部署，尤其是人工智能技术相关标准成为备受关注的热点，2018 年 4 月，由国家标准化管理委员会主办、中国电子技术标准化研究院承办的 ISO/IEC JTC 1/SC 42 人工智能分技术委员会第一次全会在北京成功召开，重点在术语、参考框架、算法模型和计算方法、安全及可信、用例和应用分析等方面开展标准化研究。

2. 国内标准化

我国在用户界面与人机交互标准化领域已经奠定了一定的基础，制定了 GB/T 2787—1981《信息处理交换用七位编码字符集键盘的字母数字区布局》、GB/T 18031—2000《信息技术数字键盘汉字输入通用要求》、GB/T 19246—2003《信息技术通用键盘汉字输入通用要求》等标准。后又逐步面向特殊群体制定相应的支持人机交互的标准。总体来说，我国在该领域起步较晚，相比国际、国外，存在较大差距。

2013 年，全国信息技术标准化技术委员会成立用户界面分技术委员会（以下简称"分委会"），负责制定和完善我国用户界面与人机交互领域的标准体系和相关国家标准，对口 ISO/IEC JTC1/SC35 的相关工作，并根据我国用户界面与人机交互技术发展情况，增加了语言和语音相关的人机交互技术和产品要求、智能感知人机交互要求和方法、新型人机交互技术等研究方向。2017 年开始，分技术委员会新筹备成立了人工智能、情感交互标准工作组，开展人工智能等领域的标准化研究，支撑工信部软件和信息技术服务业"十三五"技术标准体系建设方案中的人工智能部分编写；形成了智能语音、信息无障碍等领域 7 项国家标准报批稿，以及多项标准征求意见稿；加强国际标准化工作，组织国内产学研力量向 ISO/IEC JTC1/SC35 提交了《信息技术情感计算用户界面框架》国际标准提案，并获得该领域首个国际标准立项。用户界面分委会设立秘书处、基础工作组以及语义工作组、语音交互工作组、信息无障碍工作组、智能感知集成工作组、可穿戴产品研究组、脑机交互标准研究组、移动应用工作组，以及后续成立的人工智能工作组、情感交互工作组等，开展新领域研究。

基础工作组负责基础技术和标准化保障规范研究，包括基础术语、用户需求研究、标准化工作指南和共性、基础标准的研制。

语音交互工作组主要研究与制定中国国内语言和语音领域的人机交互相关标准。

信息无障碍工作组研究与制定与身体机能差异人群相关的人机交互标准，包括发现身体机能差异用户的需求、研究通用解决方案、制定相关标准以及推广实施等。

移动应用工作组研究与制定包括基础、文字交互、触屏交互、语音交互、手势交互、体感交互和信息无障碍等相关的技术标准。

智能感知集成工作组主要负责包括语音、触控 + 语音、头部动作感知、嘴部动作感知、表情识别、手势识别、身体动作感知、重力感应、位置感知、位置定位等技术与应用的标准化。

申请立项的标准包括《智能家电语音交互技术规范》《智能客服语音交互系统技术规范及测试方法》《智能手机语音交互技术规范》《智能车载语音交互系统规范》《可穿戴产品分类与标识》《可穿戴产品数据规范》《可穿戴产品应用服务框架要求》《浏览器鼠标手势操作规范》等。根据国家标准委发布的 2014 年第一批国家标准制修订计划，用户界面与人机交互领域的四项标准计划包括《信息技术声韵调三拼输入通用要求》《中文语音识别终端服务接口规范》《中文语音合成互联网服务接口规范》《中文语音识别互联网服务接口规范》。

3. 智能交互技术标准化及发展方向

我国在用户界面与智能交互领域中的语音交互、信息无障碍等标准化工作越来越活跃，参与国内外标准制定工作的热情也逐渐高涨。为适应面向行业应用创新的需要，着力开展了语音交互、信息无障碍和可穿戴产品等领域的标准体系架构搭建和重点标准研制工作。

1）语音交互方面，以智能车为例，车载语音交互技术的应用涉及产业链上的各类技术服务机构，如智能语音交互技术提供商、智能车载系统厂商、行业知识库提供商、语音语义分析产品等，这些技术环节面向智能车车载语音交互系统需求的分类定义、性能指标、功能定义、接口制定等存在空白。目前，我国正在积极推进《智能车载语音交互系统规范》标准立项工作。

2）信息无障碍方面，可积极采用适合我国实际情况的国际通用标准，在此基础上，结合我国无障碍具体需求，自主制定类似读屏软件技术要求和测试方法的标准。

3）可穿戴方面，可穿戴产业正处于发展孕育期，市场发展前景十分广阔，产品竞争日益激烈。因此在产品发展初期应做好规划，对可穿戴产品分类、数据、应用服务类型进行规范，为后续产业发展奠定基础。我国正在积极推进《可穿戴产品分类与标识》《可穿戴产品数据规范》《可穿戴产品应用服务框架要求》等标准立项工作。

9.1.3 虚拟现实及网络用户界面

随着数字时代的科学技术飞速发展，交互界面作为人与计算机之间传递信息的枢纽也经历了翻天覆地的变化。从命令行界面到图形用户界面、从多媒体用户界面到多通道界面，无一不是科学技术的发展带来的交互界面的新发展格局[72]。虚拟现实（Virtual Reality，VR）技术是一种可以创建和体验虚拟世界的计算机仿真系统，它利用计算机生成一种模拟环境，是一种多源信息融合的、交互式的三维动态视景和实体行为的系统仿真，使用户沉浸到该环境中。随着虚拟现实的快速发展和相关软硬件设备的不断普及，交互界面领域又迎来了新的机遇与挑战。图9-3为虚拟现实用户界面。

图9-3 虚拟现实用户界面

智能交互技术是实现用户与计算机之间信息交换的人性化通路，随着不断发展，交互不再依赖机器语言，而是通过用户界面理想地传递和交换信息。然而在使用时，使用者还是会存在感知差异，诸如文化背景、操作习惯、语言表达习惯的不同。在以往时期通过单纯的视频输出端口很难达到人机交互的真实体验，而虚拟现实技术快速发展之后，通过来自不同感官体验的信息传递，增强了人类交互感知的程度。在很大程度上虚拟现实技术完善了计算机系统的人机交互时效性，并将实时分析数据和三维立体感知带入人机交互环境，创设了超越以往感知效果的信息交互条件与环境要素[73]。

1. 基于多通道虚拟现实的用户界面交互设计

虚拟现实本身就是一种多通道交互系统，即称之为多通道虚拟现实交互系统。在虚拟现实中通过实时三维计算机图形与大视角立体显示、头部跟踪、三维声音、手势跟踪、触摸反馈和力反馈等技术，用户可以进入计算机合成的虚拟环境中，有身临其境感，甚至还能获得现实生活中体验不到的感受。基于多通道虚拟现实用户界面交互的仿真特性、沉浸感和多维交互性很好地满足了人与产品交互的真实性、自然性的需求。多通道虚拟现实智能交互系统建立了多个单体之间的通信，将虚拟环境在真实世界中进行模拟，通过把虚拟人在虚拟环境中的交互感知转化为真人与虚拟环境的交互感知体验，使真人切实体验到虚拟世界，是一种新的交互体验[74]。

目前，我们不仅可以在游戏行业看到多通道虚拟现实智能交互系统，而且在众多行业都可看到虚拟现实的应用。如在电影行业中，2015年年初上映的《Lost》是完全依靠CG动画技术制作的，同年7月又出现了可实现"交互式"场景的第二部VR短片《Henry》，改变了第一部短片的完全被动式体验。在民用建设行业中，可以将语音和手势识别集成到沉浸式环境的交互中[75]，并将其用于民用基础建设系统。2015年9月14日，深圳市虚拟现实科技有限公司首次采用虚拟现实技术在美国展示中国旅游资源，推介中国文化。所谓虚拟旅游，指的是建立在现实旅游景观基础上，通过模拟或超现实景，构建一个虚拟旅游环境，网友能够身临其境般地进行体验。应用计算机技术实现场景的三维模拟，借助一定的技术手段使操作者感受真实目的地场景。虚拟旅游虽不能完全代替实地旅游，但是随着技术的提高、研究的深入，会越来越接近实地旅游。游览者可以在虚拟旅游景观中感受鸟语花香、欣赏风光美景，并能与环境交流、与游客交谈。比起实地旅游，这样的虚拟旅游或许会多一份情趣。图9-4为虚拟旅游用户交互界面。

图 9-4　虚拟旅游用户交互界面

未来虚拟现实技术可广泛应用于医疗服务、城市规划、建筑设计、教育培训、沟通交流、虚拟商店、军事航天、道路桥梁、水文地质等众多领域，真正迎来人机自然和谐交互的物联网时代[76]。虚拟现实也可以带你到侏罗纪时代、冰河时代，带你去月球、漫威或DC宇宙，或者世界另一边的真实地方，用户可以在自己家中舒适地探索。

此外，从"数字景区"到"智慧景区"是景区未来发展的必由之路，是景区发展的重大战略选择。智慧景区是在景区全面数字化基础之上建立可视化的智能管理和运营，包括建设景区的信息、数据基础设施以及在此基础上建立网络化的景区信息管理平台与综合决策支撑平台。主要实现功能包括：三维数字景区、景区智能地理信息系统、景区智能官网管理、景区智能能源管理等。

2. 虚拟现实及用户界面交互设计的问题与展望

随着数字图像和人机交互技术的发展，虚拟现实技术有了长足的进步，尤其是头盔技术的发展以及虚拟现实和人工智能、互联网的结合，使得虚拟现实有成为一种新型个人计算平台的可能，这就促使人们开始关注更高效、更丰富的交互技术，以应对虚拟现实应用的多样化需求。从已有技术现状看，虚拟现实环境下人机交互还存在比较大的技术局限性，一些问题仍没有很好的解决办法：

1）没有真正进入虚拟世界。现有 VR 头戴式显示器盖住了我们的眼睛，只是改变了我们的视线，遮挡了我们部分视野范围，但是并非涵盖了我们所有的视野范围，身临其境的感觉受限。如何从这些信息流中准确、实时地提取出刻画人的自然行为或状态的特征原语，是解决虚拟现实环境下交互感知的核心问题。

2）缺乏统一标准。随着虚拟现实应用领域的不断扩展，大多数虚拟平台更加注重炫酷，只有引起人们的兴趣才能取得成功。虚拟现实技术想要引人注目，就必须扩大用户范围，不仅吸引专业爱好者参与实际亲身体验，而且更要吸引那些年长一些或者非科技爱好者来参与体验，所以要积极推进统一标准的制定，促进可持续发展。

3）容易感到疲劳。镜头的加速移动，就会带来不同的焦点，而这些如果运用不当，就会给用户带来眩晕的感觉。甚至如果镜头移动得过于迅速，直接会暂时影响用户的视力。虚拟现实交互输出反馈的自适应问题也值得关注。虚拟环境生成的反馈信息要为人所感知，而人的感知通道具有多态性，如何在多模态的输出空间中产生符合认知加工机制的反馈呈现，是实现虚拟现实交互反馈的核心问题。

4）不美观。如果用户戴着笨重的设备，显然很不自然，使整个虚拟技术外观不美观。虚拟现实成为我们与计算机交互方式最大的一种转型，改变人们与科技之间的关系，未来最终将让我们与虚拟世界之间，更加自然地交互。

因此我们期待虚拟现实智能交互技术在以下几方面能有突破性的进展。

1）基于移动终端和互联网的虚拟现实人机交互。实现未来的真三维显示并突破目前屏幕物理尺寸的局限，实现全景显示和交互体验。取代现有互联网邮件系统为主的通信交互方式，建立互联网的新入口和人机交互新环境[77]。

2）人脑科学的发展。虚拟人（或计算机生成的人）操纵实体（如车辆、武器等）成为游戏 VR 系统的重要组成部分，这些智能体的行为使得游戏 VR 系统所具有的 3I［Immersion（沉浸），Interaction（交互），Imagination（构想）］特征向 4I［除了前述的沉浸、交互、构想，增加了智能（Intelligence）］发展，即游戏 VR 系统将具有更多的智能特征。该类问题的解决有赖于人工智能技术和人脑科学的发展。

3）多通道虚拟现实交互界面。研究人类感知机理，包括研究人类多感官（嗅觉、味觉、触觉、听觉、视觉）通道对虚拟现实等生成环境的感知机理，形成虚拟现实临场感工具，发展新的感知装置为虚拟现实呈现设备以及人机交互技术与研究提供支持，从而构建自然人机交互理论与方法。

4）标准与规范建设。如今，虚拟现实交互技术运用广泛，制定一套标准与规范，将有效推动虚拟现实在保真度、显示技术、交互技术与界面等方面的标准化和虚拟现实软硬件与互联网接入的接口标准化。

3. 增强现实技术的发展

目前虚拟现实技术的重要应用是头戴式显示器（Head Mounted Display），简称"头显（HMD）"。显示的内容可来自个人电脑、游戏机或手机 VR，因此目前的 VR 技术也被称为：沉浸式虚拟现实技术。用户戴上"头显"后，被完全"包裹"在虚拟世界中，当用户转动头部（甚至四处走动）时，他看到的虚拟世界会完全随着眼睛的位置和角度而改变，就如同在真实世界中。

AR 技术是通过计算机系统提供的信息增加用户对现实世界感知的技术，并将计算机生成的虚拟物体、场景或系统提示信息叠加到真实场景中，从而实现对现实的"增强"。它将计算机生成的虚拟物体或关于真实物体的非几何信息叠加到真实世界的场景之上，实现了对真实世界的增强。同时，由于与真实世界的联系并未被切断，交互方式也就显得更加自然。

AR 与 VR 最大的不同在于，AR 被设计为用户现实的一部分，而不是把用户拉进一个不同的世界中，且实现技术有所不同，见图 9-5。在增强现实中，图像被设置为与用户的现实重叠并与其融合。这就像在现实之上添加一个透明层，并在其上闪烁数字图像。透明背景使数字图像看上去是现实的一部分，但是用户知道不是这样。例如，使用 AR 设备的人可以查看主要十字路口情况，并且基于设备获取信息，通过跟随在屏幕上闪烁的图像来选择到机场的最快路线，它并不会愚弄用户的感知力，它只是和现实世界一起存在着，并不会去影响现实世界。

VR	AR

在"虚拟"场景中展现虚拟/真实元素	在"真实"场景中展现真实/虚拟的元素

图 9-5　基于渲染为主的 VR 和基于光学＋重构实现的 AR

增强现实通常也可通过头戴式设备实现，其中比较著名的是谷歌眼镜（Google Glass），但也可以通过移动终端（如谷歌的 Project Tango），甚至普通的手机来实现一些基本的 AR 功能。AR 中的关键词是"功能（Utility）"，AR 技术使用户在观察真实世界的同时，能接收和真实世界相关的数字化的信息和数据，从而对用户的工作和行为产生帮助。一个典型的应用场景：用户戴着 AR 眼镜，当他看到真实世界中的一家餐厅，眼镜会马上显示这家餐厅的特点、价格等信息。

增强现实技术的特点是：

1）虚实结合。它可以将显示器屏幕扩展到真实环境，使计算机窗口与图标叠映于现实对象，用眼睛凝视或手势指点进行操作；让三维物体在用户的全景视野中根据当前任务或需要交互地改变其形状和外观；对于现实目标通过叠加虚拟景象产生类似于 X 光透视的增强效果；将地图信息直接插入现实景观以引导驾驶员的行动；通过虚拟窗口调看室外景象，使墙壁仿佛变得透明。

2）实时交互。它使交互从精确的位置扩展到整个环境，从简单的人面对屏幕交流发展到将自己融合于周围的空间与对象中。运用信息系统不再是自觉而有意的独立行动，而是和人们的当前活动自然地成为一体。交互性系统不再是具备明确的位置，而是扩展到整个环境。

3）可在三维尺度空间中增添定位虚拟物体。混合现实（Mixed Reality，MR）出现最晚，但也是听起来最高大上的概念，MR 既包括增强现实也包括增强虚拟，指的是合并现实和虚拟世界而产生的新的可视化环境。在新的可视化环境里物理和数字对象共存，并实时互动。利用 MR 技术，用户可以看到真实世界（AR 的特点），同时也会看到虚拟的物体（VR 的特点）。MR 将虚拟物体置于真实世界中，并让用户可以与这些虚拟物体进行互动，见图 9-6。

图 9-6　混合现实（MR）图例

对比一下，VR 与 AR 的共性至少有两点，即"3D"与"交互"。这也是为何有些观点把 VR、AR 视为一体的原因。这是因为 VR 与 AR 所使用的构建 3D 场景的技术及其展现设备不同，带给用户的体验差别较大，最终导致二者走向不同的应用方向。由于动画渲染技术可以把人类的一切想象展现出来，所以在应用方向上，VR 更趋于虚幻和感性，临场感更容易应用于娱乐方向；而 AR 多基于光学 +3D 重构的技术，主要是对真实世界的重现，所以 AR 更趋于现实和理性，鉴于真实和虚拟的融合，更容易应用于比如工作和培训等场合，两者与 MR 的比较见表 9-1。

表 9-1　VR、AR 与 MR 的比较

概念	实现 3D 场景的技术		交互性
	渲染	光学 +3D 重构	
VR	√	×	√
AR	×	√	√
MR	√	√	√

9.2 无人驾驶中的交互认知

无人驾驶产业正在兴起，且是一个可持续发展的过程，有一个全社会的适应周期。据统计，2018 年我国汽车产销分别为 2780.9 万辆和 2808.1 万辆，乐观设想 2030 年销售的新车中 15% 可以实现完全无人驾驶，50% 实现部分无人驾驶；2040 年销售的新车，完全无人驾驶的渗透率可达到 90%。也就是说，在未来很长的时间里，会出现人工驾驶、局部自动驾驶和自动驾驶混驾的状况，即无人驾驶车和人工驾驶车在道路上会发生交互认知。无人驾驶车应该是一个可交互的轮式机器人，不应该是个"幽灵"！

交互认知如何应用在无人驾驶过程中？交互是驾驶员与环境、行人、周边车辆重要的沟通渠道。在无人驾驶中，常规驾驶员的经验和临场处置能力由谁来替代？所以无人驾驶车在驾驶员开车时应该能悄悄地学习，把驾驶员在线交互认知转化进机器驾驶脑，并和机器行为融合在一起，让驾驶员调教机器人开车！

9.2.1 基于自然语言交互认知

自然语言交互认知应用广泛，它指面向特定场景相关或不相关的语音、语义等缺省知识和常识知识的获取学习、表示和协商。自驾驶车面对复杂、不确定的周围环境，通过语音、语义等自然语言理解和认知与不同类型人群进行交互，从而获得临场处置权，完成自驾驶任务，从而实现自驾驶车与车主、乘员、运行维护人员、远程服务请求等之间的交互[19]。

1. 车载智能对话实现自然语言交互[19]

众多语音引擎解决方案可实现基于自然语言的交互。第 2 章已讲述车载智能音箱通过语音合成引擎实现人机会话，完成最基本的交互；通过语音识别引擎实现语音指令识别，将语音指令转化为机器指令，完成交互功能的"操控"；通过声纹识别引擎进行基于语音的身份识别，实现人机交互中系统安全设定功能。图 9-7 给出了车载智能对话平台核心层和应用层的主要解决方案，可基于智能音箱设备来实现。

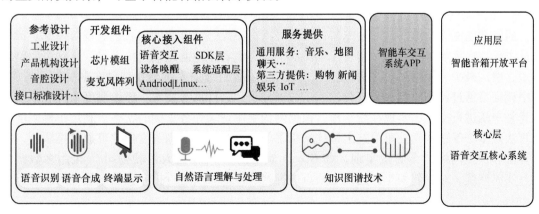

图 9-7 基于智能音箱的车载智能对话开放平台解决方案

2. 车主、乘员等与无人驾驶车的交互[19]

在无人驾驶环境下发生自然语言交互的人群中，车主或者服务运营商对车辆的行为承担责任，拥有最高指挥权，并通过车载音箱、抬头显示等形式进行状态监控和远程操控。乘员能够进行目的地表达，通过安全、舒适和便捷的交互获得车辆位置以及周边服务等信息，并能提交干涉车辆行为的意愿，而自驾驶车应在不影响车辆行驶安全下根据权限等级响应车上乘员请求。

无人驾驶车应有安全提醒、防盗报警与救援等交互能力。当遇到突发情况需要改变驾驶状态时，如急转弯、减速等，自驾驶车应能对车上乘员进行语音安全提醒；在遇到盗窃或灾害等"不测"情况时，应能及时发现并自动报警，同时提醒车上乘员开展自救措施。图9-8给出了自驾驶车人机交互界面示意图，在这个示意图中，自驾驶车对车辆定位、车辆状况等信息与驾驶员及乘员进行信息交互。自驾驶车只有和上述人群友好交互，懂得"人情世故"，才能更好地实现驾驶交互的应用。

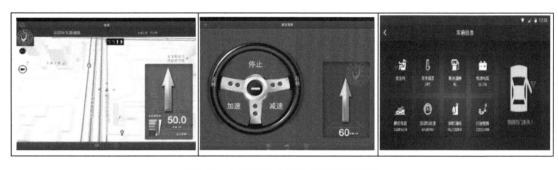

图9-8　自驾驶车人机交互界面示意图

此外，可以利用网络开放数据进行实时路况和历史路况数据的获取，对道路实时路况数据进行基于平均路况的初步分析以及时空探索性分析，然后对路况数据进行初步聚类，再从初步簇中提取出时空拥堵块，最后对时空拥堵块进行相关分析，最终达到实时路况的展示以及对拥堵路段的检测，从而达到辅助无人驾驶车行驶的目的。利用完整的实时路况数据和历史同期数据，引入权重路况的概念对研究区内的交通拥堵现象进行分析，对聚类分析中"拥堵块"的提取有指导和验证的作用，提取聚类结果后，将智能车一次路径规划轨迹、决策及其实时路况有效地在交互端展示。

3. 运维人员在线干预自驾驶车[19]

通过智能网联技术，自驾驶车与运维人员进行交互，完成调度和状态监视等任务。运维人员主要负责为多辆自驾驶车制定行车路线，使车辆有序地通过乘员接送点，达到诸如路程最短、费用最少、耗时最短等目标。图9-9给出了运营维护人员与自驾驶车的交互示意图，其中调度员通过状态监控和调度台，基于数据分析、云计算等技术，经由调度系统服务器与自驾驶车辆进行交互，实现在线干预。根据网约乘车请求和各车辆的状态，利用车辆调度优化算法从多个候选自驾驶车中选出最优指标下的自驾驶车。车辆调度优化可通过排队论、遗传算法和神经网络[78]等方法实现。如Google旗下的Waymo无人驾驶公司[79]采用多数票制进行实时调度，对自驾驶车到达预定地点的拥塞和停泊难度进行排序，确定最优的接送点。

9.2.2　基于多源数据融合的协同共驾模式多通道控制权交互研究简介

人车路协同环境下的人机共驾交互机理主要体现在驾驶任务设定（行驶的起点和终

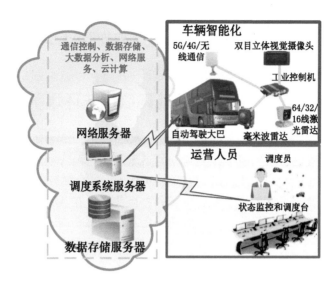

图 9-9 运营维护人员交互框架

点），交互表征方式（多源融合算法、认知箭头、多通道交互）和操控权限把控（自动驾驶还是人工驾驶、紧急情况人工快速接管）等内容上。可以将基于多源数据融合的多通道人机控制权交互架构分为数据层、特征层、语义层、模型层和应用层，见图 9-10。

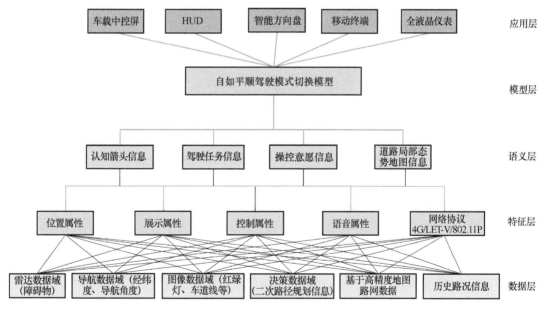

图 9-10 基于多源数据融合的多通道人机控制权交互架构

其中，数据层是指雷达、导航、图像信息等多源异构的海量基础数据。特征层是指从这些基础数据中抽取出相关数据的特征信息，进而为构建语义提供特征信息支撑。在语义层基础上，形成多源数据融合信息。在模型层，通过自如平顺驾驶模型，平滑车辆处理控制权切换的问题。在应用层可分别在全液晶仪表上输入驾驶任务、平滑处理控制权切换显示；通过增强 HUD 上的认知箭头输出车辆决策信息，显示简单的周边驾驶态势；通过移动终端显示无人车当前行驶状态，包括经纬度信息、俯仰角、航向角等，上述通道有效实现车辆和车内人员的交互认知，提升驾驶品质。

9.3 智能交互技术在智能网联汽车环境下的应用

汽车智能化、网联化丰富了无人驾驶的应用范畴与深度，极大地推动了无人驾驶商业化的进程。部分车企巨头已纷纷完成了无人驾驶的路测。从无人驾驶研发到智能网联汽车的发展趋势，在不断地顺应人们智能化出行的需求。2018 年，《中国智能网联汽车测试示范区发展研究报告》发布，随着各大汽车、互联网及科技巨头企业在 ADAS（高级辅助驾驶系统）、通信与信息交互等方面的资金投入，以智能网关为基础，融合 NMEA0183、CDMA2000/WCDMA、802.11p、IEEE1609、CAN2.0、802.11n/802.15 等多种通信协议，进行智能网联汽车的数据协同处理，为智能车载终端提供通信和网络支持。智能网联汽车环境利用云端的计算资源，适应复杂的交通环境和不断变化的驾驶状况，根据驾驶需求，主动提供信息服务，例如利用云端大数据资源，分析当前交通状况，实时监控车辆状况；另一方面可根据智能算法，学习不同驾驶员的驾驶行为，主动提供精准的信息服务。在智能网联环境下，可建立多种模式的人机交互接口，增加手势控制和语音控制等关键技术，并可形成智能网联的交互产品。

9.3.1 车联网环境简介

智能汽车是实施《中国制造 2025》和《国务院关于印发新一代人工智能发展规划的通知》战略的重要支撑，人车路协同环境为智能驾驶及车联网提供重要保障。人车路协同系统基于人车之间、车辆之间、车辆与不同地方的路侧设备之间的相互交流。道路上行驶的汽车不是孤立的，而是与其他车辆耦合成一个复杂的广义动力学系统。

车联网作为新兴产业，创造了一个新的智能化产业市场[80]。如同十几年前人们看不到互联网的发展边界一样，现在人们也无法判断车联网未来的应用边界。世界各国都在进行车联网及其衍生产品的研发和推广。与此同时，政策的支持也进一步推动着我国车联网的快速发展。2018 年 6 月 15 日，工业和信息化部与国家标准委联合印发《国家车联网产业标准体系建设指南（总体要求）》《国家车联网产业标准体系建设指南（信息通信）》和《国家车联网产业标准体系建设指南（电子产品和服务）》，全面推动车联网产业技术研发和标准制定，促进自动驾驶等新技术新业务加快发展。传统的车联网是指装载在车辆上的电子标签通过无线射频等识别技术，实现在信息网络平台上对所有车辆的属性信息和静、动态信息进行提取和有效利用，并根据不同的功能需求对所有车辆的运行状态进行有效的监管和提供综合服务的系统。随着车联网技术与产业的发展，上述定义已经不能涵盖车联网的全部内容。车联网产业技术创新战略联盟给了车联网新的定义。

> 车联网是以车内网、车际网和车载移动互联网为基础，进行无线通信和信息交换的大系统网络，是能够实现智能化交通管理、智能动态信息服务和车辆智能化控制的一体化网络。

车联网的体系结构自顶向下可以分为：业务云、网络层、车辆网中间件和感知层[81]，车联网体系结构如表 9-2 和图 9-11 所示。

表 9-2 车联网体系结构

体系分层结构	功 能 实 现
业务云	车载信息服务为车联网用户提供车辆信息查询、信息订阅、事件告知、导航等各类服务功能，远程控制中心实现智能交通管理、车辆安全控制、交通事件预警、道路援救等高端功能
网络层	通过 GPS/北斗、GPRS、4G/5G 等资源，为应用程序提供透明的信息传输服务；通过对云计算、虚拟化等技术的综合应用，充分利用现有网络资源，为上层应用提供强大的应用支撑
车辆网中间件	含有软件中间件和硬件中间件，由 Wi-Fi、Bluetooth、Zigbee、USB 等硬件中间件和 Linux、QUNIX、WEA 等软件中间件构成，为整个车联网系统提供软硬件支持
感知层	承担车辆自身与道路交通信息的全面感知和采集，是车联网的神经末梢。通过 PND、CAN、传感器、车辆定位等技术，实时感知车况及控制系统、道路环境、车辆与车辆、车辆与人、车辆与道路基础设施、车辆当前位置等信息，为车联网应用提供全面、原始的终端信息服务

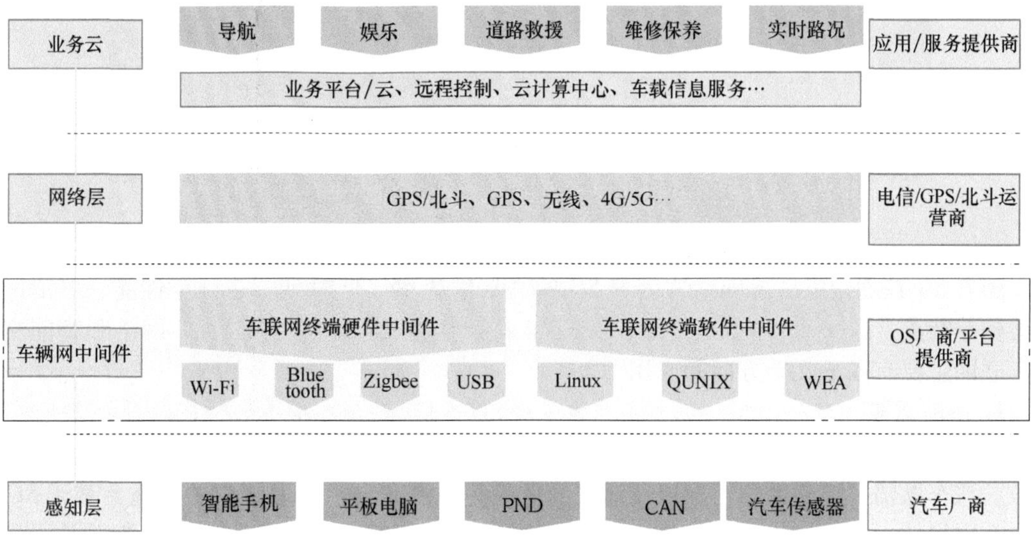

图 9-11 车联网系统架构

根据智能网联汽车技术现状、产业应用需要及未来发展趋势，分阶段建立适应我国国情并与国际接轨的智能网联汽车标准体系，预计到 2025 年，系统形成能够支撑高级别自动驾驶的智能网联汽车标准体系，制定 100 项以上智能网联汽车标准，涵盖智能化自动控制、网联化协同决策技术以及典型场景下自动驾驶功能与性能相关的技术要求和评价方法，促进智能网联汽车"智能化 + 网联化"融合发展，以及技术和产品的全面推广普及。

在车联网和无人驾驶领域，1ms 这一瞬间可能就决定了生与死。3GPP 定义了若干个 1ms 到几毫秒的低时延场景，主要集中在自动驾驶上。自动驾驶中制动等反应时间，是个系统响应时间，其中包括了用于网络云端计算处理、车间协商处理的时间，也包括了用于车辆本身系统计算及制动处理的时间。如果要做到时速 100km/h 制动距离不超过 0.3m，那么系统整体响应时间不能超过 10ms，而人类最好的 F1 车手的反应时间在 100ms 左右。从保障安全的角度，对通信时延的要求极高，系统响应时间越低越好。未来 5G 网络能够在提供 99.999% 稳定性的同时做到小于 1ms 的通信时延，因此自动驾驶车辆的低时延场景更需要通过与系统其他环节的配合来实现。

9.3.2 车联网环境与智能交互技术应用

在城市车辆数量不断增加的背景下，城市交通拥堵、交通事故等问题频发，新型的车联网交通信息采集系统诞生。在车联网环境中，智能交互的设计与应用是整个环境开发中至关重要的环节。图 9-12 为车联网应用场景示例。

图 9-12　车联网应用场景示例

随着 5G 技术的发展成熟，凭借着 5G 的高传输速率、低时延、高稳定性能、灵活的网络架构等特点，以 5G 为基础的车联网在近年来发展越来越迅速。基于 5G 网络和智能交互的车联网主要有以下几个方面的应用[82]。

1. 协助驾驶

协助驾驶是指利用大数据和传感器收集到车辆与路边基础设施的信息状态，例如，交通事故、汽车抛锚、道路紧急情况以及潜在的危险等，汽车自主采取相应的措施。基于 5G 网络的车联网技术可以提供更快的传输速率，能够自动跟车，进行互动，给无人驾驶技术提供可靠的支持。车辆自主完成一些指令，比如自动超车、协作式避免碰撞、防止侧翻等，都需要 5G 技术中的高可靠性和低延时性作保证，给驾驶带来极大的便利。

2. 交通信息收集

交通信息收集是指向车主提供整个道路的相关信息且不直接影响车主的驾驶行为，有利于交通管理中心的智能管理。比如实时收集车辆、路况和天气等信息，智能选择最优路段进行行驶等。5G 网络的高传输速率可以实时报告道路交通路况，便于驾驶员了解交通状况。

3. 车辆间的协作驾驶

车辆间的协作驾驶是指利用汽车与汽车直接通信的方式来控制汽车的协调驾驶。即刹车、倒车、转弯都可以协调操作，即使道路上行驶的汽车发生了故障，也能被及时发现并告知后方的汽车采用刹车操作。5G 网络的高传输效率保证了汽车每个指令的高效完成，不仅快速掌握了前方车辆的信息，而且获得了整个道路车辆的信息并可构建一种网络化车队控制结构模型。

4. 辅助交通管理

辅助交通管理主要包括协助交通管理部门实现远程指挥调度，实现路段上的收费站、监控设备、电子公告栏等系统的智能运作，主要通过中控大屏等交互设备来进行清晰化展示。5G 网络的稳定传输，可方便交通管理部门对车辆进行智能指导。

5. 用户间通信与应用

用户通信与应用让乘客享受娱乐。在 5G 网络的支持下，用户可以在车上享受更多的车载终端服务，而开发商也能根据用户需求开发更多的应用，丰富车上生活。5G 的高带宽、低时延可以满足车内乘客对 AR/VR、游戏、电影、移动办公等车载信息娱乐的需求，还能提供高精度地图，使车载导航的精确度得到极大的提高。

6. 完善应急系统

车上安装操作系统和定位系统，如果遇到紧急突发的事件，车辆可以自主判断并采取正确的、紧急的措施，还可以及时通过车联网设备进行消息交互传递。应用 5G 技术与云平台将消息发送到救援中心，救援中心可以迅速根据消息进行定位，分析周边路况，及时通知附近的车辆避免进入事故区，同时传递相关信息给救援人员，使救援更加精准、快速，大大减少事故造成的损失。

7. 自然灾害场景的应急应用

当遇到自然灾害场景时，5G 网络可以在基础设施遭到破坏的情况下，通过单跳或多跳的 D2D（设备到设备通信）方式与其他 5G 车载单元实现通信，它也可以作为通信中继，与附近的 5G 车载终端交互信息，从而给行驶在路上的驾驶人和乘客或正准备驾乘车辆离开的人们传递信息，提高人们安全撤离的可能性，大大降低自然灾害造成的损失。

9.4 基于云机器人平台的智能交互及其应用

随着机器人智能水平的不断提高，对机器人的计算能力也越来越高，云计算正是应对大计算量的解决方案。将机器人与云计算进行结合，便产生了"云机器人（Cloud Robotics）"的概念。该概念最早是在 Humanoids 2010 会议上，CMU 大学的 James Kuffner 博士等提出的[83]。云机器人就是云计算与机器人学的结合。就像其他网络终端一样，机器人本身不需要存储所有资料信息或具备超强的计算能力。只需要对于云端提出需求，云端进行相应响应并满足要求[84]。

云机器人，首先要了解云计算。云计算的"云"，可理解为"多"和"大规模"。"云"是一些可以自我维护和管理的虚拟计算资源，通常为一些大型服务器集群，实现资源共享和超级计算，包括计算服务器、存储服务器、宽带资源等。云计算将所有的计算资源集中起来，并由软件实现自动管理，无须人为参与。例如 Google 云计算有上百万台服务器。

基于云机器人平台的智能交互控制系统，可以很好的扩展机器人的应用，提高用户体验，同时可以针对性的为不同个体提供个性化服务。云机器人并不是指某一个机器人，也不是某一类机器人，而是指机器人信息存储和获取方式的一个学术概念。这种信息存取方式的好处是显而易见的。比如，机器人通过摄像头可以获取一些周围环境的照片，上传到服务器端，服务器端可以检索出类似的照片，可以计算出机器人的行进路径来避开障碍物，还可以将这些信息储存起来，方便其他机器人检索。所有机器人可以共享云数据库信息，提高开发、执行效率。云机器人作为机器人学术领域的一个新概念，其重要意义在于借助互联网与云计算，帮助机器人相互学习和进行知识共享，解决单个机器自我学习的局限性。

机器人利用云操作平台通过各种交互方式，将控制服务、音视频监控服务和传感器服务放到云系统中，为用户操作机器人提供方便。而且云平台具有动态可扩展性，可以随时向云平台添加数据和用户指令信息等，提供或者申请某种服务。云平台基于互联网，用户数不胜数，由于不同用户端输入的信息具有多样化，需要对物理设备进行统一管理，完成设备虚拟化。此外，随着视觉跟踪、语音识别、触控技术、脑科学等先进技术的发展，推动了多通道界面的产生，改变了人类和计算机之间传统的交互方式。多通道人机交互界面允许用户通过多种感觉通道组合输入来向机器表达操作意图。引入多通道使得用户在操作机器人过程中，与本地计算机的交互更接近日常技能，达到人机交互的自然性和高效性目的，使智能化交互接口更加合理性。

9.4.1　云机器人平台简介

传统智能交互技术的实现往往在某个机器人平台上实现，比如简单的语音识别算法、视频采集和基础处理等。智能时代，需要对机器人进行更多的复杂、多模态的交互操作，传统智能交互技术很难实现。为了满足人们的需求，基于云机器人平台的智能交互系统可以将用户需求和服务注册到云平台中，用户只要连到互联网，通过输入设备就可以操控远程机器人而不用关心机器人的具体位置，整个系统具有良好的可扩展性。同时，机器人资源的注册与注销对用户来说是透明的，机器人可供更多用户使用，从而使整个系统具有良好的鲁棒性，提高了资源利用率。基于云机器人平台的智能交互系统网络架构见图9-13，这是一个面向

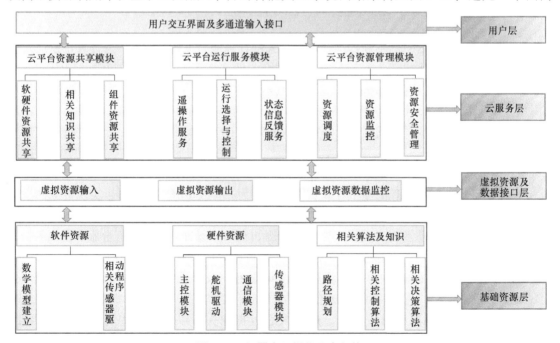

图9-13　机器人云操作平台架构

服务的层次化结构。

用户层：用户层是面向使用者提供人机交互的平台，随着移动互联网技术的发展，人们手中的手机和电脑都可作为客户端向云服务层提出请求服务。

云服务层：云服务层是该平台的核心，主要分为云平台资源共享模块、云平台运行服务模块、云平台资源管理模块三个模块。云平台资源共享模块中包括软硬件资源共享、相关知识共享、组件资源共享服务，用户可以申请机器人资源共享服务来查找云平台上的机器人的各种共享信息，也可以申请资源下载服务获得机器人各种共享相关资源。云平台运行服务模块包括遥操作服务、运行选择与控制、状态信息反馈服务，通过云平台管理对机器人进行操作。平台资源管理模块包括资源调度、资源监控和资源安全管理，用户可以通过云平台对机器人建立操作连接和远程安全控制。

虚拟资源及数据接口层：该层包括虚拟资源输入、虚拟资源输出和虚拟资源数据监控。主要负责收集互联网中有关机器人规划的各类信息，并对信息进行汇总、分类，根据类别进行封装，使之有序合理地汇集在虚拟资源层中，方便用户进行调用，从而实现对虚拟资源统一化管理。

基础资源层：基础资源层主要包含机器人的软件资源、硬件资源、路径规划相关知识。其中软件资源包括对数学模型、行动稳定性判据、传感器驱动的应用程序；硬件资源主要包括机器人采用的各类主控芯片、传感器，以及舵机等配件等。

每一个提供服务的机器人都需要在机器人云操作平台中注册，并上传该机器人的模型资源。当用户遥操作该机器人时，登录机器人云操作平台，查找并选择在云平台中的机器人，若该机器人处于在线状态，则用户可以申请使用该机器人的服务。在平台提供服务的过程中，安全管理模块会保证传输数据的正确性和安全性，数据管理模块会记录服务过程中的操作记录和反馈数据到服务记录资源中[84]。

9.4.2 智能交互技术在云机器人平台的应用

随着智能化和人机交互的发展，智能交互技术在云机器人平台上也得到了一定的应用。

1. 数据存储与共享

云机器人平台主要存储 CAD 模型、点云、图像等物体数据，带有图像和坐标信息的地图数据，以及通过多通道交互方式使机器人完成某些动作的指令信息。这些数据通过机器可读的统一格式进行存储，易于用户理解和复用。当机器人请求数据全局存储或共享时，本地云负责和全局云连接，进行数据的上传或下载。实现了多用户和多机器人的互联，机器人的操作对用户具有很好的适应性。用户端的输入设备是多样化的，对输入设备进行虚拟化，将每个用户的物理设备映射为一个系统自定义的结构集合。同一个用户端的不同机器人操作中使用的是同一组虚拟设备。

2. 机器人控制

用户和开发者可以以多通道交互方式，直接通过全局云向下层本地云中提出访问需求，由本地云向上反馈交互信息并对机器人进行操作。例如用户可以直接在远程通过移动终端或者平板电脑访问互联网中的全局云，获得家中机器人的监控视频等信息，并下达需要的控制指令。

3. 可视化

随着机器人应用复杂度的提高，处理的数据量越来越大，传统的简单人机交互界面已经无法满足开发和使用的需求。基于云机器人平台的智能交互系统可视化组件，为开发者和用户提供一种模块化、组件化、灵活性高、界面友好的可视化交互方案，包括三维可视化工具、动态参数修改工具、机器人仿真平台等。开发者和用户可以根据自己的需求灵活配置、使用多种可视化交互方式，加速对机器人应用的理解，全面掌控云机器人的运行实时状态。

4. 多通道界面

为了方便用户通过云平台遥控操作机器人，采用多通道交互技术，综合语音识别功能、手势、触控等设备操作，将模糊或精确的多个通道输入组合起来，集成了灵活的自然交互方式。用户端机器人遥控操作的多通道界面中着眼于描述式和指点式的交互方式；云平台多通道管理模块中，采用基于任务的多通道整合算法，整合用户发送到平台的多个通道输入，并且根据平台中多通道界面的对象库表和任务库表，查找任务执行方式，完成对机器人的遥操作控制。

9.5 习题

1. 什么是虚拟现实技术？
2. 简述虚拟现实系统中的主要技术和典型硬件组成。
3. 虚拟现实的本质特征。
4. 虚拟现实和增强现实的区别是什么？
5. 简述人车路协同交互的基本概念。
6. 目前常见车载交互系统的控制有哪些，并简要分析优缺点。

附　录

交互设计快速检查清单

（Interaction Design Quick

Checklist [85]）

1. 架构和导航（Architecture and navigation Note）

☐ 是否采用了用户熟悉或容易理解的结构？

☐ 是否能识别当前在网站中的位置？

☐ 是否能清晰表达页面之间的结构？

☐ 是否能快速回到首页/主要页面？

☐ 链接名称与页面名称是否相对应？

☐ 当前页面的结构和布局是否清晰？

2. 布局和设计（Layout and design Note）

☐ 是否采用了用户熟悉的界面元素和控件？

☐ 界面元素和控件的文字、位置、布局、分组、大小、颜色、形状等是否合理、容易识别、风格一致？

☐ 界面元素/控件之间的关系是否表达正确？

☐ 主要操作/阅读区域的视线是否流畅？

☐ 其他文本（称谓、提示语、提供反馈）是否一致？

3. 内容和可读性（Content and readability Note）

☐ 文字内容的交流对象是用户吗？

☐ 语言是否简洁、易懂、礼貌？

☐ 内容表达的含义是否一致？

☐ 重要内容是否处于显著位置？

☐ 是否在需要时提供必要的信息？

☐ 是否有干扰视线和注意力的元素？

4. 行为和互动（Behavior and interaction Note）

☐ 是否告知、引导用户可以做什么？

☐ 是否告知需要完成哪些步骤？（op）

☐ 是否告知需要多少时间完成？（op）

☐ 是否告知第一步做什么？（op）

☐ 是否告知输入/操作限制？

☐ 是否有必要的系统/用户行为反馈？

☐ 是否允许必要的撤销操作？

☐ 是否页面上所有操作都必须由用户完成？

☐ 是否已将操作步骤、点击次数减至最少？

☐ 是否所有跳转都是必须的（无法在当前页面呈现）？

参 考 文 献

［1］ 孟祥旭，李学庆. 人机交互技术：原理与应用［M］. 北京：清华大学出版社，2004.

［2］ 汪正刚，任宏. 人机交互和用户界面演变史及其未来展望［J］. 辽宁经济职业技术学院学报，2017，89（1）：64-66.

［3］ Gartner. 5 Trends Emerge in the Gartner Hype Cycle for Emerging Technologies，2018［EB/OL］.（2018-8-16）［2019-02-28］. https：//www. gartner. com/smarterwithgartner/5-trends-emerge-in-gartner-hype-cycle-for-emerging-technologies-2018/.

［4］ 唐小成. 增强现实系统中的三维用户界面设计与实现［D］. 成都：电子科技大学，2008.

［5］ 董威，文艳军，李暾，齐治昌. 软件工程专业在线课程建设思考［J］. 计算机教育，2015（6）：51-55.

［6］ 陈毅能. 基于生理计算的多通道人机交互技术研究［D］. 北京：中国科学院大学，2016.

［7］ 史忠植. 认知科学［M］. 合肥：中国科学技术大学出版社，2008.

［8］ 黄希庭，郑涌. 心理学导论［M］. 3版. 北京：人民教育出版社，2015.

［9］ 认知（词语释义）_百度百科［EB/OL］.［2018-08-03］. https：//baike. baidu. com/item/% E8% AE% A4% E7%9F% A5/1262721？ fr = aladdin.

［10］ DEAN J. Monsters Illusion［J］. Mighty Optical Illusions，2006.

［11］ BRUNER J S，Minturn A L. Perceptual Identification and Perceptual Organization［J］. The Journal of General Psychology，1955，53（1）：21-28.

［12］ 郑南宁. 认知过程的信息处理和新型人工智能系统［J］. 中国基础科学，2000（8）：11-20.

［13］ 和讯科技. 你和小伙伴们是怎么被惊呆的？［EB/OL］.（2013-07-29）［2019-03-22］. http：//tech. hexun. com/2013-07-29/156579849. html.

［14］ 管连荣. 美国著名心理学家 H·A·西蒙教授来华访问［J］. 心理科学，1982（1）：62-63.

［15］ 秦裕林. 认知心理学与计算机科学的研究与教学——介绍西蒙教授的认知心理学讲学［J］. 心理学动态，1984（1）：63-64.

［16］ 余森. 谈图形用户界面设计中的交互性信息传递［J］. 中国包装工业，2015（6）：147.

［17］ 李枫，徐韬. 智能语音交互技术在呼叫中心中的应用［C］. 2016电力行业信息化年会论文集，2016：5.

［18］ 席乐. 浅谈多点触摸技术在产品操作界面设计中的应用［J］. 科教导刊（上旬刊），2013（3）：176-177.

［19］ 马楠，高跃，李佳洪，等. 自驾驶中的交互认知［J］. 中国科学：信息科学，2018（8）.

［20］ NORMAN D，MILLER J，Henderson A. ACM，1995. What You See，Some of What's in the Future，and How We Go About Doing It：HI at Apple Computer［C］. New York：Conference Companion on Human Factors in Computing Systems，1995.

［21］ L SCAPIN D，SENACH B，TROUSSE B，et al. User Experience：Buzzword or New Paradigm？［J］. ACHI 2012-5th International Conference on Advances in Computer-Human Interactions，2012.

［22］ 丁一，郭伏，胡名彩，等. 用户体验国内外研究综述［J］. 工业工程与管理，2014（4）：92-97，114.

［23］ 人人都是产品经理. 五步走，带你了解交互设计流程｜［EB/OL］.（2017-01-18）［2019-01-20］. http：//www. woshipm. com/ucd/577334. html.

［24］ COOPER A，REIMANN R M. 软件观念革命［M］. 詹剑锋，张知非，译. 北京：电子工业出版社，2005.

［25］ 优设网. 拿不定设计？让经典的尼尔森十大可用性原则帮你！（附案例）［EB/OL］.（2016-10-25）
　　　［2018-09-27］. http：//www. uisdc. com/nelson- usability- design- principles.

［26］ 人人都是产品经理. 设计基础：细说"十大可用性原则"［EB/OL］.（2017-07-25）［2019-01-20］.
　　　http：//www. woshipm. com/ucd/730477. html.

［27］ DEBORAH J. MAYHEW. Principles and Guidelines in Software User Interface Design［M］. Upper Saddle
　　　River ： Prentice Hall，1991.

［28］ 简书. 是时候，聊一聊交互设计的知识体系了！［EB/OL］.（2016-11-25）［2019-01-20］. http：//
　　　www. jianshu. com/p/7399791c5f8f.

［29］ 赵佳，赵铭，李昌华. 分级网格服务的 Apache ab 测试分析［J］. 电子设计工程，2009，17（3）：
　　　22-24.

［30］ 简书. 2018 年，你一定要选对这些原型工具- UI 中国- 专业用户体验设计平台［EB/OL］.（2018-1-24）
　　　［2019-01-29］. https：//www. jianshu. com/p/0cb1b07cfcdc.

［31］ Mockplus. 电商类 Web 原型制作分享——天猫［EB/OL］.（2018-08-18）［2019-01-22］. https：//
　　　www. mockplus. cn/sample/post/1065.

［32］ 人人都是产品经理. 所谓原型，是个什么东西？［EB/OL］.（2015-03-26）［2019-01-22］. http：//
　　　www. woshipm. com/pd/144880. html.

［33］ 人人都是产品经理. 15 款优秀移动 APP 产品原型设计工具［EB/OL］.（2014-01-22）［2019-01-
　　　22］. http：//www. woshipm. com/rp/64741. html.

［34］ 周剑辉，顾新建. 移动设备在工作流管理系统中的应用［J］. 机电工程，2004（12）：42-45.

［35］ 简书. 浅说移动端与 pc 端交互设计的区别［EB/OL］.（2017-11-10）［2018-06-24］. https：//
　　　www. jianshu. com/p/2c9ead3520b1.

［36］ STEVEN HOOBER. How Do Users Really Hold Mobile Devices？［EB/OL］.（2013-02-18）［2019-03-02］.
　　　https：//www. uxmatters. com/mt/archives/2013/02/how- do- users- really- hold- mobile- devices. php.

［37］ This Is How Far the Average Set of Thumbs Will Reach on the New iPhone 6 ｜ HYPEBEAST［EB/OL］.
　　　（2014-09-20）［2019-02-23］. https：//hypebeast. com/2014/9/realistically- this- is- how- far- the- average-
　　　set- of- thumbs- will- reach- on- the- new- iphone-6.

［38］ 博客园. 关于移动端和 PC 端的交互的区别［EB/OL］.［2019-03-04］. https：//www. cnblogs. com/
　　　erichain/p/4678163. html.

［39］ 交互学堂. App 界面设计风格｜App 界面交互设计规范［EB/OL］.（2015-08-26）［2019-02-20］.
　　　https：//www. iamue. com/8754.

［40］ 卡卡的人生哲学. App 界面设计风格［EB/OL］.（2015-08-24）［2019-03-03］. http：//www. wo-
　　　shipm. com/ucd/193763. html.

［41］ Colour Assignment - Preferences［EB/OL］.（2013-03-23）［2019-03-01］. http：//www. joehallock. com/
　　　edu/COM498/preferences. html.

［42］ Apple Developer. Human Interface Guidelines［EB/OL］.［2018-10-06］. https：//developer. apple. com/
　　　design/human- interface- guidelines/ios/overview/themes/.

［43］ 搜狐. H5 轻应用技术，未来无限可能［EB/OL］.（2016-03-18）［2019-02-20］. www. sohu. com/a/
　　　64107789_379442.

［44］ 吴明晖. 1. 1 Android 平台简介·App Inventor - 零基础 Android 移动应用开发［EB/OL］.［2019-02-20］.
　　　https：//minghuiwu. gitbooks. io/appinventor/content/11_android_ping_tai_jian_jie. html.

［45］ Android Developers. 平台架构［EB/OL］.［2019-03-02］. https：//developer. android. google. cn/guide/
　　　platform/.

［46］ 吴明晖. 1. 2 App Inventor 简介 · App Inventor - 零基础 Android 移动应用开发［EB/OL］.［2019-02-20］.

https://minghuiwu. gitbooks. io/appinventor/content/12_appinventor_jian_jie. html.

[47] AppInventor 汉化版. 终极入门教程 —— 5 分钟学会［EB/OL］. (2018-04-01)［2018-06-24］. https://www. wxbit. com/? p = 157.

[48] 中证网. 人工智能：语音开启全新交互时代［EB/OL］. (2017-05-12)［2018-12-09］. http://www. cs. com. cn/gppd/hyyj/201705/t20170512_5280029. html.

[49] 腾讯网. 语音革命元年来了：BBC、FT 等媒体要点亮哪些全新技能树［EB/OL］. (2018-03-12)［2018-12-09］. https://new. qq. com/omn/20180312/20180312A07ECH. html.

[50] 优设网. GUI 和 VUI 到底有哪些区别? 来看这篇超全面的总结!［EB/OL］. (2017-12-21)［2018-12-11］. http://www. uisdc. com/gui-vui-differences.

[51] 搜狐. "语音交互设计"之 VUI 简析│L-insights［EB/OL］. (2018-09-03)［2019-02-20］. www. sohu. com/a/251671898_610473.

[52] 曾丽霞，康佳美，孙甜甜，等. 语音办公助手 VUI 交互设计研究［J］. 工业设计研究（第六辑），2018：7.

[53] 科技行者. 语音识别的前世今生/深度学习彻底改变对话式人工智能［EB/OL］. (2017-08-21)［2019-02-20］. http://www. cnetnews. com. cn/2017/0821/3097159. shtml.

[54] IT 之家. 语音识别技术里程碑：微软已将识别错误率降至 5.1%［EB/OL］. (2017-08-21)［2019-02-21］. https://www. ithome. com/html/it/322227. htm.

[55] 超能网. 微软语音识别词错字率低至 5.9%，已达到人类专业速记员水平［EB/OL］. (2016-10-19)［2019-02-22］. http://www. expreview. com/50100. html.

[56] 人人都是产品经理. 为什么说语音交互是未来的主流交互方式之一?［EB/OL］. (2017-10-18)［2019-02-23］. http://www. woshipm. com/pd/816580. html.

[57] 人人都是产品经理. 语音交互的基本概念和设计实践［EB/OL］. (2018-05-28)［2019-02-23］. http://www. woshipm. com/pd/1039577. html.

[58] 千家智客. 干货│IDC 发布对话式人工智能白皮书［EB/OL］. (2018-03-21)［2019-02-24］. http://www. qianjia. com/html/2018-03/21_287657. html.

[59] 简书. 1.3 人机对话交互基础概念（1）［EB/OL］. (2017-05-02)［2018-12-17］. https://www. jianshu. com/p/f927075b5c47.

[60] 程彬，陈婧，乌兰. 智能人机交互产品的服务设计思路探讨［J］. 设计，2016 (9)：156-157.

[61] SALVENDY, CONSTANTINE STEPHANIDIS, GAVRIEL. 人机交互：以用户为中心的设计和评估［M］. 董建明，傅利民，饶培伦，译. 5 版. 北京：清华大学出版社，2016.

[62] 搜狐. 科大讯飞公布汽车产品布局战略：推出飞鱼 OS 和开放三大平台［EB/OL］. (2018-10-26)［2019-02-23］. http://www. sohu. com/a/271415691_122982.

[63] PIERRE-YVES O. The production and recognition of emotions in speech：features and algorithms［J］. International Journal of Human-Computer Studies, 2003, 59 (1)：157-183.

[64] TURK M. Gesture Recognition［G］. Boston, MA：346-349. Springer US. IKEUCHI K. Computer Vision：A Reference Guide, 2014.

[65] WANG J J, SINGH S. Video analysis of human dynamics—a survey［J］. Real-Time Imaging, 2003, 9 (5)：321-346.

[66] YANG M-H, KRIEGMAN D J, AHUJA N. Detecting Faces in Images：A Survey［J］. IEEE Trans. Pattern Anal. Mach. Intell, 2002, 24 (1)：34-58.

[67] DUCHOWSKI A T. A breadth-first survey of eye-tracking applications［J］. Behavior Research Methods, Instruments, & Computers, 2002, 34 (4)：455-470.

[68] JAIMES A, SEBE N. Multimodal human-computer interaction：A survey［J］. Computer Vision and Image

Understanding, 2007, 108（1）：116-134.

［69］ PORTA M. Vision-based user interfaces：methods and applications ［J］. International Journal of Human-Computer Studies, 2002, 57（1）：27-73.

［70］ DURIC Z, GRAY W D, Heishman R, Rosenfeld AND A, Schoelles M J, Schunn C, Wechsler H. Integrating perceptual and cognitive modeling for adaptive and intelligent human-computer interaction ［J］. Proceedings of the IEEE, 2002, 90（7）：1272-1289.

［71］ DONDI P, LOMBARDI L, PORTA M. Development of gesture-based human-computer interaction applications by fusion of depth and colour video streams ［J］. IET Computer Vision, 2014, 8（6）：568-578.

［72］ 刘心雨. 交互界面设计在虚拟现实中的研究与实现 ［D］. 北京：北京邮电大学, 2018.

［73］ 郭莹洁. 关于虚拟现实技术人机交互的研究 ［J］. 信息记录材料, 2018, 19（8）：247-248.

［74］ 田远霞. 增强现实下多通道交互模型研究与实现 ［D］. 杭州：浙江大学, 2015.

［75］ MALKAWI A, SRINIVASAN R. Multimodal human-computer interaction for immersive visualization：integrating speech-gesture recognitions and augmented reality for indoor environments ［C］. Proceedings of the Seventh IASTED Conference on Computer Graphics and Imaging. ACTA Press Kauai, HI, 2004：171-175.

［76］ 赵永惠. 人机交互研究综述 ［J］. 信息与电脑（理论版）, 2017（23）：24-25, 28.

［77］ 赵沁平. 虚拟现实中的 10 个科学技术问题 ［J］. 中国科学：信息科学, 2017, 47（6）：800-803.

［78］ HUISMAN D, FRELING R, WAGELMANS A P M. A Robust Solution Approach to the Dynamic Vehicle Scheduling Problem ［J］. Transportation Science, 2004, 38（4）：447-458.

［79］ COLIJN P, HERBACH J S, MCNAUGHTON M P. Determining pickup and destination locations for autonomous vehicles：U. S. Patent 9, 733, 096 ［P］. 2017-08-15.

［80］ 苏景颖. 关于智能汽车车联网系统分析 ［J］. 时代汽车, 2018（2）：125-126.

［81］ 汽车电子. 浅谈车联网的应用场景及发展趋势_车联网功能_车联网体系结构 ［EB/OL］.（2017-12-24）［2019-02-23］. http://m. elecfans. com/article/603252. html.

［82］ 王世宝. 基于 5G 技术车联网的发展趋势及应用前景分析 ［J］. 时代汽车, 2018（6）：169-170.

［83］ KEHOE B, MATSUKAWA A, CANDIDO S, et al. Cloud-based robot grasping with the google object recognition engine ［C］. 2013 IEEE International Conference on Robotics and Automation, 2013：4263-4270.

［84］ 赵连翔, 王全玉, 贾金苗, 等. 机器人云操作平台的实现研究 ［J］. 华中科技大学学报（自然科学版）, 2012（S1 vo 40）：161-164.

［85］ 交互学堂. 交互设计快速检查清单 Interaction Design Quick Checklist ［EB/OL］.（2016-11-09）［2019-3-01］. https://www. iamue. com/18702.